Dushi

Xinling

Liaoyuke

都市心灵
疗愈课

李志敏 改编

民主与建设出版社
·北京·

图书在版编目 (CIP) 数据

都市心灵疗愈课 / 李志敏改编 . —北京：民主与建设出版社，2016.1
（2021.4 重印）

ISBN 978-7-5139-0934-1

Ⅰ.①都… Ⅱ.①李… Ⅲ.①成功心理－通俗读物Ⅳ.① B848.4-49

中国版本图书馆 CIP 数据核字（2015）第 283173 号

都市心灵疗愈课
DUSHI XINLING LIAOYUKE

改　　编	李志敏	
责任编辑	王　倩	
封面设计	天下书装	
出版发行	民主与建设出版社有限责任公司	
电　　话	（010）59417747　59419778	
社　　址	北京市海淀区西三环中路 10 号望海楼 E 座 7 层	
邮　　编	100142	
印　　刷	三河市同力彩印有限公司	
版　　次	2016 年 1 月第 1 版	
印　　次	2021 年 4 月第 2 次印刷	
开　　本	710 毫米 ×944 毫米　1/16	
印　　张	13	
字　　数	130 千字	
书　　号	ISBN 978-7-5139-0934-1	
定　　价	45.00 元	

注：如有印、装质量问题，请与出版社联系。

前言 | PREFACE

生活，不会因为发展和变革而遗弃曾经的理念，不会因为进步和繁荣而忘却固有的传承。

当春去春回，万山红遍——生活，依然那么真实。

是谁？还在前路上踌躇，在旅途中垂泪。

是谁？还在暗夜里叹息，在职场中顿足。

是谁？还在困境中求索，在岗位上打拼。

当滚滚的潮水冲破四月的围栏，当翱翔的雁阵行进在无际的蓝天，当竞争的压力如鲠在喉重担在肩——失意或迷茫的你，可曾梦想着一处静谧的港湾，祈求着心灵上的慰藉，并有一只手指给你远方的灯火，伴你向前。

——而青春，只是初出茅庐时的热情，只是稍纵即逝的云烟。万里征途，需要的不止是知识、力量，还有豁达的心胸，飞翔的翅膀。

迷茫的瞬间，是无数需要号脉的青春！

书籍犹如大海，浩渺无边，丰富多彩，每一页都蕴藏着深刻的哲理，散发着无穷的魅力，引导着我们前进。好的书籍，可以滋润我们的心灵，引导我们走上正确的道路，发现崭新的生活，开启精彩的人生。

青春，它缺失的不是激情，而是人生的态度，以及贯穿于生活中的睿智和灵感。

青春，它缺失的不是力量，而是"四两拨千斤"的技巧，是隐藏于被我们忽略的事物中的真谛。

青春,它需要的不是三分钟热血,而是一以贯之的朴素和这些朴素中的金黄。

青春,它需要的不是"突然的花开",而是花开之后的成长和果实。

所以,我们要静下心来,号脉我们的青春。并用理想和智慧,开启尘封的大门,在创业的征途上披荆斩棘,在职场的岗位上锐意进取。

号脉的青春,是要我们聆听那些花开的声音,聆听先行者的教诲,并在漫漫的前路上,砥砺而行。

号脉的青春,是要我们对症下药,用充盈着灵性的思想,武装自己的头脑,无论千难万难,无论大河山涧,都依然如故,都舍我其谁。

号脉的青春,是要我们痛定思痛,用智慧的利剑斩断束缚我们手脚的"藤蔓",用昂扬的斗志,鼓舞着我们越过黎明前的黑暗。

——当我们翻开那尚散发着墨香的书页,进入那神圣的殿堂,我们的心灵便会经受一次全新的洗礼,心情会随之愉悦,思想也会因而得到升华。一个人的思想境界提高了,他看待世界的眼光也会呈现不同于一般人的角度,做事也会采取不同的方法。当我们了悟了前人的经验、挫折与成功之道,我们前方的路一定会比之前顺畅、快捷,因为书籍就仿如我们心灵的指引之光,引领我们避开弯路、陷阱,坚定地迈向通往成功的大道。

——当我们徜徉在励志的殿堂,感受那些激情澎湃的过往,一颗抑郁的心,便燃起希望之火,并会为了一个目标而坚持,为一句诺言,而长久地守候。

——当我们驻足在智慧的港湾,品味其间的胆识和韬略,我们因为无助而失落的心,会豁然开朗,因为茫然而无措的目光,会倏然明亮。

前人的经验是无价之宝,既然前人已经为我们总结出正确与错误之路,我们若不能加以利用,只会毫无意义地重复前人所走的弯路。相反,若是能正确运用的话,我们定会在成功之路上比前人走得更高、更远。

号脉青春,给青春指点迷津!

号脉青春,为青春摇旗呐喊!

号脉青春,让青春焕发新的容光!

目　录

第二章　工作,需要一个梳理的过程

第三章　在苦乐之上享受生活

第四章　在进退之间收获成功

第五章　在得失之外掌握财富

第六章　在理智之中结交朋友

第一章

逆境和坦途，都是人生的风景

　　不要拿你所拥有的一切去换取未知的希望，人生不是赌博。一千元钱可以做很多事，但如果你把一千元钱压在赌桌上，得到两千元的希望微乎其微，更大的可能是变得一无所有。所以，与其羡慕别人的两千元，或者输得光光之后为自己的一千元后悔，不如把握好你所拥有的这一千元，脚踏实地地做力所能及的事。

01 挫折,人生旅途中的良药

设想一下,如果人的生活一帆风顺,锦衣玉食,那么人生就没有从低谷到顶峰的跌宕起伏,就没有会当临绝顶一览众山小的喜悦。穷尽千辛万苦的成就才传奇,历经百转千回的感情才珍贵。衣来伸手饭来张口,不劳而获是婴儿和懒汉的待遇。面对挫折自暴自弃是对自己灵魂的放逐,没有挫折,就不知道收获的可贵,没有挫折,就没有成功的喜悦。

从前,有一个悲观的人,天天抱怨自己的生活,在他眼里,事事都那么艰难,一个问题刚解决,新的问题就又出现了。他不知该如何应付生活,已经厌倦抗争和奋斗,想要自暴自弃了。

他的一位厨师朋友,想帮助他振奋起来,就把他带进厨房。厨师先往三只锅里倒入一些水,然后把它们放在旺火上烧。不久锅里的水烧开了。厨师往一只锅里放些胡萝卜,第二只锅里放入鸡蛋,最后一只锅里放入碾成粉末状的咖啡豆。厨师将它们浸入开水中煮,一句话也没有说。

悲观的人咂咂嘴,不耐烦地等待着,纳闷朋友在做什么。大约 20 分钟后,厨师把火闭了,把胡萝卜捞出来放入一个碗内,把鸡蛋捞出来放入另一个碗内,然后又把咖啡舀到一个杯子里。做完这些后,厨师才转过身问他,"老伙计,你看见什么了?""胡萝卜、鸡蛋、咖啡。"他回答。

厨师让他靠近些并让他用手摸摸胡萝卜。他摸了摸,注意到它们变软了。厨师又让他拿一只鸡蛋并打破它,将壳剥掉后,他看到了是只煮熟的鸡蛋。最后,厨师让他喝了咖啡。品尝着香浓的咖啡,悲观的人疑惑地问道:"这意味着什么?"

厨师解释说,这三样东西面临同样的逆境——煮沸的开水,但其反应各不相同。胡萝卜入锅之前是强壮的，结实的，毫不示弱，但进入开水之后，它变软了，变弱了。鸡蛋原来是易碎的，它薄薄的外壳保护着它呈液体的内脏。但是经开水一煮，它的内脏变硬了。而粉状咖啡豆则很独特，进入沸水之后，它们倒改变了水。"哪个是你呢？"厨师问他，"当逆境找上门来时，你该如何反应？你是胡萝卜，是鸡蛋，还是咖啡豆？"

悲观的人笑了，他知道了朋友的用心良苦，也领悟了逆境对于人生的意义。从此，这位悲观的人不再自暴自弃，而是微笑着面对生活，因为他知道咖啡豆改变了给它带来痛苦的开水，并在它达到 100 度高温时让它散发出最佳的香味。

心理学感言

有些人看似坚强，但遭遇痛苦和逆境后畏缩了，变软弱了，失去了力量；而另外有些人本是善良而随和的，但经过死亡、分手、离婚或失业的逆境，变得自私、严厉和强硬；只有那些把逆境当做机遇的人，才真正了解逆境对于人生的意义，在逆境中改变自己，锻造自己，一次次地磨练，钢铁就是这样炼成的。

02　付出，比收获更重要

把种子种下，浇水、施肥、除草、喷洒农药，然后才能收获果实，如果没有这些付出，种子就不会萌芽，更不可能结果。不劳而获的可能也有，那就是去偷或者去抢了。一分汗水一分收成，付出才有回报。

有一个人在沙漠里行走了两天，途中遇到暴风沙。一阵狂沙吹过之后，他已认不得正确的方向。正当快撑不住时，突然，他发现了一幢废弃的小屋。他拖着疲惫的身子走进了屋内。这是一间不通风的小屋子,里面堆了一些枯朽的木材。他几近绝望地走到屋角,却意外地发现了一座压水井。

他兴奋地上前汲水,却任凭他怎么压水,也压不出半滴来。他颓然坐地,却看见压水井旁,有一个用软木塞堵住瓶口的小瓶子,瓶上贴了一张泛黄的纸条。纸条上写着:

你必须用水灌入井中才能引水!不要忘了,在你离开前,请再将水装满!他拔开瓶塞,发现瓶子里,果然装满了水!

他的内心,此时开始交战着——

如果自私点,只要将瓶子里的水喝掉,他就不会渴死,就能活着走出这间屋子!如果照纸条做,把瓶子里唯一的水,倒入井内,万一水一去不回,他就会渴死在这地方了——到底要不要冒险?

最后,他决定把瓶子里唯一的水,全部灌入看起来破旧不堪的井里,然后他颤抖着去压水,只轻轻地压了几下,水真的大量涌了出来!

他将水喝足后,把瓶子装满水,用软木塞封好,然后在原来那张纸条后面,再加上他自己的话:相信我,真的有用。在取得之前,要先学会付出。

心理学感言

人生是一段旅途,可能每个机遇的站台都挤满了人群,当你踏上生命的列车,首要的就是找到立足之地。短途的旅客站在门口,安于现状的旅客挤在车厢中挥汗如雨,怕一移动连落脚之处都失去了,只有极少数人能找到座位,因为他们勇于付出,不辞辛苦。

03 价值，在创造中熠熠生辉

人的生命价值几何？体现在哪里？每个人自己都无法知道。人的生命价值是对他人而言的，每个人心中都有杆秤，称量的不是自己，而是别人对自己的意义。浑浑噩噩，行尸走肉，价值等于零；吸他人的血，不断占有和破坏，价值为负数；只有创造和奉献，才能体现为正数的价值。

有一天，上帝创造了三个人。他问第一个人："到了人世间你准备怎样度过自己的一生？"第一个人想了想，回答说："我要充分利用生命去创造。"

上帝又问第二个人："到了人世间，你准备怎样度过你的一生？"第二个人想了想，回答说："我要充分利用生命去享受。"

上帝又问第三个人："到了人世间，你准备怎样度过你的一生？"第三个人想了想，回答说："我既要创造人生又要享受人生。"

上帝给第一个人打了 50 分，给第二个人打了 50 分，给第三个人打了 100 分，他认为第三个人才是最完美的人，他甚至决定多生产一些"第三个"这样的人。

第一个人来到人世间，表现出了不平常的奉献感和拯救感。他为许许多多的人作出了许许多多的贡献。对自己帮助过的人，他从无所求。他为真理而奋斗，屡遭误解也毫无怨言。慢慢地，他成了德高望重的人，他的善行被人广为传颂，他的名字被人们默默敬仰。他离开人间，所有人都依依不舍，人们从四面八方赶来为他送行。直至若干年后，他还一直被人们深深怀念着。

第二个人来到人世间，表现出了不平常的占有欲和破坏欲。为了达到目的他不择手段,甚至无恶不作。慢慢地,他拥有了无数的财富,生活奢华,一掷千金,妻妾成群。后来,他因作恶太多而得到了应有的惩罚。正义之剑把他驱逐人间的时候,他得到是鄙视和唾骂。若干年后,他还一直被人们深深痛恨着。

第三个人来到人世间,没有任何不平常的表现。他建立了自己的家庭,过着忙碌而充实的生活。若干年后,没有人记得他的生存。

人类为第一个人打了 100 分,为第二个人打了 0 分,为第三个人打了 50 分。这个分数,才是他们的最终得分。

传说老子骑青牛过函谷关,在函谷府衙为府尹留下洋洋五千言《道德经》时,一年逾百岁、鹤发童颜的老翁招招摇摇到府衙找他。老子在府衙前遇见老翁。

老翁对老子略略施了个礼说:"听说先生博学多才,老朽愿向您讨教个明白。"老翁得意地说:"我今年已经 106 岁了。说实在话,我从年少时直到现在,一直是游手好闲地轻松度日。与我同龄的人都纷纷作古,他们开垦百亩沃田却没有一席之地,修了万里长城而未享辚辚华盖,建了四舍屋宇却落身于荒野郊外的孤坟。而我呢,虽一生不稼不穑,却还吃着五谷;虽没置过片砖只瓦,却仍然居住在避风挡雨的房舍中。先生,是不是我现在可以嘲笑他们忙忙碌碌劳作一生,只是给自己换来一个早逝呢?"

老子听了,微然一笑,吩咐府尹说:"请找一块砖头和一块石头来。"

老子将砖头和石头放在老翁面前说:"如果只能择其一,仙翁您是要砖头还是愿取石头?"

老翁得意地将砖头取来放在自己的面前说:"我当然择取砖头。"老子抚须笑着问老翁:"为什么呢"?

老翁指着石头说:"这石头没棱没角,取它何用? 而砖头却用得着呢。"

老子又招呼围观的众人问:"大家要石头还是要砖头?"众人都纷纷

说要砖而不取石头。老子又回过头来问老翁,"是石头寿命长呢,还是砖头寿命长?"老翁说:"当然石头了。"

老子释然而笑说:"石头寿命长人们却不择它,砖头寿命短,人们却择它,不过是有用和没用罢了。天地万物莫不如此。寿虽短,于人于天有益,天人皆择之,皆念之,短亦不短;寿虽长,于人于天无用,天人皆摒弃,倏忽忘之,长亦是短啊。"老翁顿然大惭。

心理学感言

单纯说来,人似乎只可以划分为有用、有害和无用三种人。上帝的打分和人类的打分存在着天差地别,人类说:"失误的上帝!"可是人类却听不到上帝的回答。最好的解释是:人要自己活着,可不是为上帝而活。

04　历练,才是飞翔的翅膀

因为直立行走,我们的下肢才强壮;因为思考,我们才有智慧;因为奋斗,生命才有意义。如果生命中没有障碍,我们就会很脆弱,我们就不会像现在那样强健,我们将永远不能飞翔。

一天,一只茧上裂开了一个小口,有一个人正好看到这一幕,他一直在观察着,蝴蝶在艰难地将身体从那个小口中一点点地挣扎出来,几个小时过去了……接下来,蝴蝶似乎没有任何进展了。

看样子它似乎已经竭尽全力,不能再前进一步了。

这个人实在看得心疼,决定帮助一下蝴蝶:他拿来一把剪刀,小心翼翼地将茧破开。蝴蝶很容易地挣脱出来。但是它的身体很萎缩,很小,翅膀紧紧地贴着身体。

他接着观察,期待着在某一时刻,蝴蝶的翅膀会打开并伸展起来,足以支撑它的身体,成为一只健康美丽的蝴蝶。

然而,这一刻始终没有出现!

实际上,这只蝴蝶在余下的时间都极其可怜地带着萎缩的身子和瘪塌的翅膀在爬行,它永远也没能飞起来。

这个好心好意的人并不知道,蝴蝶从茧上的小口挣扎而出,这是上天的安排,要通过这一挤压过程将体液从身体挤压到翅膀,这样它才能在脱茧而出后展翅飞翔。有时候,在我们的生命中需要奋斗乃至挣扎。

有一天,某个农夫的一头驴子不小心掉进一口枯井里,农夫绞尽脑汁想办法救出驴子,但几个小时过去了,驴子还在井里痛苦地哀嚎着。最后,这位农夫决定放弃,他想这头驴子年纪大了,不值得大费周折去把它救出来,不过无论如何,这口井还是得填起来。于是农夫便请来左邻右舍帮忙一起将井中的驴子埋了,以免除它的痛苦。

农夫的邻居们人手一把铲子,开始将泥土铲进枯井中。当这头驴子了解到自己的处境时,刚开始哭得很凄惨。但出人意料的是,一会儿之后这头驴子就安静下来了。

农夫好奇地探头往井底一看,出现在眼前的景象令他大吃一惊:当铲进井里的泥土落在驴子的背部时,驴子的反应令人称奇——它将泥土抖落在一旁,然后站到铲进的泥土堆上面。就这样,驴子将大家铲到它身上的泥土全数抖落在井底,然后再站上去。很快地,这只驴子便得意地上升到井口,然后在众人惊讶的表情中快步地跑开了!

心理学感言

大自然的法则永远是优胜劣汰,没有经过困难的磨砺,就不可能成为强者。我们在生活中所遭遇的种种困难挫折就是加注在我们身上的"泥沙"；然而，换个角度看，它们也是一块块的垫脚石，只要我们锲而不舍地将它们抖落掉，然后站上去，那么即使是掉落到最深的井中，我们也能安然地脱困。

05 奋争，打开前行阻碍的钥匙

人生中，权力、金钱、名声有如一条条锁链，左右着思想和行为，所以常常有人说忍一时风平浪静，退一步海阔天空，其实如果越过雷池，更有无限风光，脐带被剪断，新生命才真正诞生。

有一个登山者，一心一意想要登上世界第一高峰。在经过多年的准备之后，他开始了他的旅程。但是，由于他希望完全由自己独得全部的荣耀，所以他决定独自出发。他开始向上攀爬，但是时间已经开始变得有些晚了，然而，他非但没有停下来准备他露营的帐篷，反而继续向上攀登，直到四周变得非常黑暗。山上的夜晚显得格外的黑暗，这位登山者什么都看不见。到处都是黑漆漆的一片，能见度为零，因为，月亮和星星又刚好被云层给遮住了。即使如此，这位登山者仍然继续不断地向上攀爬着。就在离山顶只剩下几米的地方，他滑倒了，并且迅速地跌了下去。跌落的过程中，他仅仅能看见一些个黑色的阴影，以及一种因为被地心引力吸住而快速向下坠落的恐怖感觉。

他不断地下坠着，而在这极其恐怖的时刻里，他的一生，不论好与坏，也一幕幕地显现在他的脑海中。当他一心一意地想着，此刻死亡是正在如何快速地接近他的时候，突然间，他感到系在腰间的绳子，重重地拉住了他。他整个人被吊在半空中，而那根绳子是唯一拉住他的东西。

在这种上不着天，下不着地，求助无门的景况中，他一点办法也没有，只好大声呼叫:"上帝啊! 救救我!"

突然间,从天上有个低沉的声音回答他说:"你要我做什么?""上帝! 救救我!""你真的相信我可以救你吗?"

"我当然相信!""那就把系在你腰间的绳子割断。"在短暂的寂静之后,登山者决定继续全力抓住那根救命的绳子。

第二天,搜救队找到了他的遗体,已经冻得僵硬,他的尸体挂在一根绳子上。他的手也紧紧地抓着那根绳子……在距离地面仅仅 1 米的地方。

心理学感言

当你在不断编织各种关系网的时候,你是否想过,这些网会把你围在中央,密封不透,你变成了茧中的幼虫,这叫做作茧自缚。只有你鼓足勇气,破茧而出,才能化成美丽的蝴蝶。

06 聆听忠告,才会峰回路转

人们对待忠告有两种态度,一种是把他当做终生的座右铭,另外一种是当时也感觉有道理,但转过身就丢在了脑后,只有在得到教训之后才能领悟其中的哲理。每一个忠告都是带着他人的经验和教训,他人之所以警示我们,是不想我们重蹈覆辙。你最好不要希望去验证忠告是否正确,因为那往往需要付出巨大代价。

一次,一个猎人捕获了一只能说七十种语言的鸟。

"放了我,"这只鸟说,"我将给你三条忠告。"

"先告诉我,我发誓我会放了你。"猎人回答到。

"第一条忠告是:做事后不要懊悔;第二条忠告是:如果有人告诉你一件事,你自己认为是不可能的就别相信。第三条忠告是:当你爬不上去时,别费力去爬。"

然后鸟对猎人说:"该放我走了吧。"

猎人依言将鸟放了。这只鸟飞起后落在一棵大树上,并向猎人大声喊道:"你真愚蠢。你放了我,但你并不知道在我的嘴中有一颗价值连城的大珍珠。正是这颗珍珠使我这样聪明。"

猎人很想再捕获这只放飞的鸟。他跑到树根前开始爬树。但是当爬到一半的时候,他掉了下来并摔断了双腿。

鸟嘲笑他并向他喊到:"笨蛋! 我刚才告诉你的忠告你全忘记了。我告诉你一旦做了一件事情就别后悔,而你却后悔放了我;我告诉你如果有人对你讲了认为是不可能的事,就别相信,而你却相信像我这样一只小鸟的嘴中会有一颗很大的珍珠;我告诉你如果你爬不上去,就别强迫自己去爬,而你却追赶我并试图爬上这棵大树,结果掉下去摔断了双腿。"

"这句箴言说的就是你:'对聪明人来说,一次教训比蠢人受一百次鞭挞还深刻。'"说完,鸟就飞走了。

鹰王和鹰后从遥远的地方飞到远离人类的森林。它们打算在密林深处定居下来,于是就挑选了一棵又高又大、枝繁叶茂的橡树,在最高的一根树枝上开始筑巢,准备夏天在这儿孵养后代。

鼹鼠听到这些消息。大着胆子向鹰王提出警告:"这棵橡树可不是安全的住所,它的根几乎烂光了,随时都有倒掉的危险。你们最好不要在这儿筑巢。"

嘿,这真是咄咄怪事! 老鹰还需要鼹鼠来提醒? 你们这些躲在洞里的家伙,难道能否认老鹰的眼睛是锐利的吗? 鼹鼠是什么东西,竟然胆敢跑出来干涉鸟大王的事情?

鹰王根本瞧不起鼹鼠的劝告，立刻动手筑巢，并且当天就把全家搬了进去。不久，鹰后孵出了一窝可爱的小家伙。

一天早晨，正当太阳升起来的时候，外出打猎的鹰王带着丰盛的早餐飞回家来，然而，那棵橡树已经倒掉了，它的鹰后和它的子女都已经摔死了。

看见眼前的情景，鹰王悲痛不已，它放声大哭道："我多么不幸啊！我把最好的忠告当成了耳边风，所以，命运就对我给予这样严厉的惩罚。我从来不曾料到，一只鼹鼠的警告竟会是这样准确，真是怪事！真是怪事！"

"轻视从下面来的忠告是愚蠢的。"谦恭的鼹鼠答道，"你想一想，我就在地底下打洞，和树根十分接近，树根是好是坏，有谁还会比我知道得更清楚的呢？"

心理学感言

所有人给你的忠告都是经过实践得来的至理名言，如果你只是记住，而不去遵守，那么千金难买的忠告除了能丰富你的语言词汇，一点实际价值都没有。如果前方有禁止通行的标志，人们会绕道而行，但如果有人忠告某种方法行不通，恐怕没有谁会立刻放弃。

07 弃恶扬善，从头再来

作过恶、犯过错，毕竟已成为过去，关键在于今天和明天，弃恶从善就是善者。

一位老僧坐在路旁，双目紧闭，盘着双腿，两手交握在衣襟之下，陷入沉思。

突然,他的冥思被打断。打断他的是武士嘶哑而恳求的声音,"老头!告诉我什么是天堂!什么是地狱!"

老僧毫无反应,好像什么也没听到。但渐渐地他睁开双眼,嘴角露出一丝微笑。武士站在旁边,迫不及待,有如热锅上的蚂蚁。

"你想知道天堂和地狱的秘密?"老僧说道,"你这等粗野之人,手脚沾满污泥,头发蓬乱,胡须肮脏,剑上铁锈斑斑,一看就知道没有好好保管,你这等丑陋的家伙,你娘把你打扮得像个小丑,你还来问我天堂和地狱的秘密?"

武士恶狠狠地骂了一句。"刷"地拔出剑来,举到老僧头上。他满脸血红,脖子上青筋暴露,就要砍下老僧的人头。

利剑将要落下,老僧忽然轻轻地说道:"这就是地狱。"

霎时,武士惊愕不已,肃然起敬,对眼前这个敢以生命来教导他的老僧充满怜悯和爱意。他的剑停在半空,他的眼里噙满了感激的泪水。

"这就是天堂。"老僧说道。

心理学感言

一切恶念、恶言、恶行,对于自己和他人都是地狱;一切善念、善言、善举对于自己和他人都是天堂。如果人人都能弃恶从善,即使是地狱也能成为天堂。

08 愉悦,源自释然的心态

能够正确认识自己,对于为人处事和保持良好的心态益处匪浅。

一位少年去拜访年长的智者。

他问："我如何才能变成一个自己愉快，也能够给别人愉快的人呢？"智者笑着望着他说："孩子，你有这样的愿望，已经是很难得了。很多比你年长的人，从他们问的问题本身就可以看出，不管给他们多少解释，都不可能让他们明白真正重要的道理，就只好让他们那样好了。"

少年满怀虔诚地听着，脸上没有丝毫得意之色。

智者接着说："我送给你四句话。第一句话是，把自己当成别人。你能说说这句话的含义吗？"

少年回答说："是不是说，在我感到忧伤的时候，就把自己当成是别人，这样痛苦就自然减轻了；当我欣喜若狂之时，把自己当成别人，那些狂喜也会变得平淡中和一些？"

智者微微点头，接着说："第二句话，把别人当成自己。"

少年沉思一会儿，说："这样就可以真正同情别人的不幸，理解别人的需求，而且在别人需要的时候给予恰当的帮助？"

智者两眼发光，继续说道："第三句话，把别人当成别人。"

少年说："这句话的意思是不是说，要充分地尊重每个人的独立性，任何情形下都不可侵犯他人的核心领地？"

智者哈哈大笑："很好，很好，孺子可教也。第四句话是，把自己当成自己。这句话理解起来太难了，留着你以后慢慢品味吧。"

少年说："这句话的含义，我一时体会不出。但这四句话之间有许多自相矛盾之处，我用什么才能把它们统一起来呢？"

智者说："很简单，用一生的时间和阅历。"

少年沉默了很久，然后叩首告别。

后来少年变成了壮年人，又变成了老人。再后来在他离开这个世界。很久以后，人们还时时提起他的名字，都说他是一位智者，因为他是一个愉快的人，而且也给每一个见到过他的人带来了愉快。

认识别人,被别人认识,认识自己,用一颗真诚的心将三者统一。把别人当成自己,把自己当成别人,关键的在于认识自己,弄懂了这个道理,你就会成为近于完美的人。

09 有些时候,只有自己才能够拯救自己

在自己面对困境和难关时,不要在意别人的议论,要意志坚强,往上攀爬。

一群人到山上去打猎,其中一个猎人不小心掉进很深的坑洞里,他的右手和双脚都摔断了,只剩一只健全的左手。

坑洞非常深,又很陡峭,地面上的人束手无策,只能在地面喊叫。

幸好,坑洞的壁上长了一些草,那个猎人就用左手撑住洞壁,以嘴巴咬草,慢慢地往上攀爬。

地面上的人就着微光,看不清洞里,只能大声为他加油。

等到看清他身处险境,嘴巴咬着小草攀爬,忍不住议论起来!

"哎呀! 像他这样一定爬不上来了!"

"情况真糟,他的手脚都断了呢!"

"对呀! 那些小草根本不可能撑住他的身体。"

"真可惜,如果他掉下去摔死了,就无福享受自己庞大的家产了。"

"他的老母亲和妻子可怎么办才好!"

落入坑洞的猎人实在忍无可忍了,他张开嘴大叫:"你们都给我闭嘴!"

15

就在他张口的一刹那,他再度落入坑洞,当他摔到洞底即将死去之前,他听到洞口的人异口同声地说:"我就说嘛! 用嘴爬坑洞,是绝对不可能成功的!"

心理学感言

别人受到挫折和困厄时,不要急着议论,只有在困境中的慈爱与关怀,可以救人;在困境中的议论与批评,只会使人陷入更深的绝境。

10　面对苦难,要勇敢地走过

人生不如意之事有很多,甚至要遭受苦难和不幸。然而,也正是因为如此,人生才变得更加有意义,生命才更显示出不屈的生机。

33 号住着一位年轻人,左邻 32 号是个老人。

老人一生相当坎坷,多种不幸都降临到他的头上:年轻时由于战乱几乎失去了所有的亲人,一条腿也丢在空袭中;"文革"中,妻子经受不了无休止的折磨,最终和他划清界线,离他而去;不久,和他相依为命的儿子又丧生于车祸。

可是在年轻人的印象之中,老人一直矍铄爽朗而又随和。年轻人终于不揣冒昧地问:

"你经受了那么多苦难和不幸,可是为什么看不出你有伤怀呢?"

老人无言地将年轻人看了很久,然后,将一片树叶举到年轻人的眼前:

"你瞧,它像什么?"

这是一片黄中透绿的叶子。这时候正是深秋。年轻人想这也许是白杨树叶,而至于像什么……

"你能说它不像一颗心吗? 或者说就是一颗心?"

这是真的,是十分肖似心脏的形状。年轻人的心为之轻轻一颤。

"再看看它上面都有些什么?"

老人将树叶更近地向年轻人凑凑。年轻人清楚地看到,那上面有许多大小不等的孔洞,就像天空里的星月一样。

老人收回树叶,放到手掌中,用那厚重而舒缓的声音说:

"它在春风中绽出,阳光中长大。从冰雪消融到寒冷的秋末,它走过了自己的一生。这期间,它经受了虫咬石击,以致千疮百孔,可是它并没有凋零。它之所以享尽天年,完全是因为对阳光、泥土、雨露充满了热爱。对自己的生命充满了热爱,相比之下,那些打击又算得了什么呢?"

老人最后把叶子放在了年轻人的书桌上,他说:

"这答案交给你啦,这实在是一部历史,然而更是一部哲学啊。"

如今年轻人仍完好无损地保存着这片树叶。每当年轻人在人生际遇中突遭打击的时候,总能从它那里吸取足够的冷静和力量,不论在怎样的艰难之中,总能保持一份乐观向上的精神。

心理学感言 ━ ━ ━ ━ ━ ━ ━ ━ ━ ━ ━ ━ ━

　　对生命热爱的人,会把苦难看作一种磨砺,在与苦难抗争的同时,人性的光彩愈加鲜明,生命也更加有意义,正如夜晚的灯,黑暗越浓,光明越明亮醒目。

━ ━ ━ ━ ━ ━ ━ ━ ━ ━ ━ ━ ━

11 因为恐惧，才扼杀了希望之火

经历中有酸甜苦辣，但也有宝藏。

迈克·英泰尔在 37 岁那年做了一个疯狂的决定，放弃他薪水优厚的记者工作，把身上仅有的三万多美元捐给街角的流浪汉，只带了干净的内衣裤，决定从阳光明媚的加州，靠搭便车与陌生人的好心，横越美国。

他的目的地是美国东岸北卡罗莱纳州的"恐怖角"（Cape Fear）。

这是他精神快崩溃时做的一个仓猝决定，某个午后他"忽然"哭了，因为他问了自己一个问题：如果有人通知我今天死期到了，我会后悔吗？答案竟是那么肯定。虽然他有好工作、美丽的同居女友、亲友，他发现自己这辈子从来没有下过什么赌注，平顺的人生从没有高峰或谷底。

他为了自己懦弱的上半生而哭。

一念之间，他选择北卡罗莱纳的恐怖角作为最终目的，借以象征他征服生命中所有恐惧的决心。

他检讨自己，很诚实地为他的"恐惧"开出一张清单：从小时候他就怕保姆、怕邮差、怕鸟、怕猫、怕蛇、怕蝙蝠、怕黑暗、怕大海、怕飞、怕城市、怕荒野、怕热闹又怕孤独、怕失败又怕成功、怕精神崩溃……他无所不怕，却似乎"英勇"地当了记者。

这个懦弱的 37 岁男人上路前竟还接到奶奶的纸条："你一定会在路上被人杀掉。"但他成功了，4000 多里路，78 顿餐，仰赖 82 个陌生人的好心。

没有接受过任何金钱的馈赠，在雷雨交加中睡在潮湿的睡袋里，也有几个像公路分尸案杀手或抢匪的家伙使他心惊胆战，在游民之家靠打工换取住宿,住过几个破碎家庭,碰到不少患有精神疾病的好心人,他终于来到恐怖角,接到女友寄给他的提款卡(他看见那个包裹时恨不得跳上柜台拥抱邮局职员)。他不是为了证明金钱无用,只是用这种正常人会觉得"无聊"的艰辛旅程来使自己面对所有恐惧。

恐怖角到了,但恐怖角并不恐怖,原来"恐怖角"这个名称,是由一位16世纪的探险家取的,本来叫"CapeFaire",被讹写为"CapeFear",只是一个失误。

迈克·英泰尔终于明白:"这名字的不当,就像我自己的恐惧一样。我现在明白自己一直害怕做错事,我最大的耻辱不是恐惧死亡,而是恐惧生命。"

心理学感言

奋斗的结果不一定都能达到预期的目的;但奋斗的结果往往是意外的收获,它是预期的目的所不能并论的。只要是我们愿意走的路就不算白走。

12　时间是一把双刃剑

时间已经不是过去的那个样子。大好的时光一去不返,当它奉献给你的时候,你要真诚地挽留它,它会给你无限的美好。

有一个富人,名叫时间。他拥有无数的各种家禽和牲口,他的土地无边无际,他的田里什么都种,他的大箱子里塞满了各种宝物,他谷仓里装满了粮食。

他的名声传到了国外,各国商人纷纷赶来,想找机会和他做生意。各国君主也派遣使者来,只是为了要看一看这位富人,回国后就可以对百姓说,这个富人怎么生活,样子是怎样的。

富人常把牛、土地、衣服送给穷人,人们说世界上没有一个人比他更慷慨了,还说,没有见过这个富人的人等于没有活过。

又过了很多年,有一个部落准备派出使者去向富人问好。临行前部落的人对使者说:"你们到富人时间居住的国家去,看看他是否像传说中的那么富有,那么慷慨,回来告诉我们。"

使者们走了好多天,才到达了富人居住的国家。在城郊遇到了一瘦瘦的、衣衫褴褛的老头。

使者问:"这里有没有一个叫时间的富人呀? 如果有,请您告诉我们,他住在哪里。"

老人忧郁地回答:"有的。时间就住在这里,你进城去,人们会告诉你的。"

使者进了城,向居民询问,说:"我们来看时间,他的声名也传到了我们部落,我们很想看看这位神奇的人,准备回去后告诉同胞。"

正说着的时候,他们面前走过来一个老乞丐。

这时有人说:"他就是时间! 就是你们要找的那个人。"

使者看了看又瘦又老、衣衫不整的老乞丐,简直不敢相信自己的眼睛。"难道这个人就是传说中的富人吗?"他们问道。

"是的,我就是时间,"老头说,"过去我是最富的人,现在是世界上最穷的人。"

使者点点头说:

"是啊,生活常常这样,但我们怎么对我们的同胞说呢?"

老头答道:

"你们回到家里,见到同胞,对他们说:'记住,时间已不是过去的那个样子!'"

时间无法随你的意愿而动。但你要珍惜美好的时光。它会给你带来无限的美好。

13 执着于走自己的路,才会拥有美好的人生

"走自己的路,让人们去说吧!"我们对但丁的这句名言并不陌生。可是,我们又是否能真正做到这一点呢?

别人对你的评价总是有偏颇的,有人只说好话,假如以此为据,你可能高估自己,自我感觉良好。因此,可能轻视他人,忽视一切,自以为是。也有人专挑坏的讲,故意贬低你,这样你可能低估自己,自卑消极。因此,在听取他人的评论之前,首先要有一个正确的自我评价,并以此为基准。

另外,他人看到的可能只是你的表面或一个方面,真正全面、清楚了解自己的还是自己。只有天生没有主见的人才会整天打听他人的评价。虽然有时候可能会出现"当局者迷,旁观者清"的情况,但大多数情况下旁观者的意见只能作为参考。

美国职业足球教练文斯·伦巴迪当年曾被人批评为"对足球只懂皮毛,缺乏斗志"的人。贝多芬学拉小提琴时,技术并不高明,他宁可拉他自己作的曲子,也不肯做技巧上的改善,他的老师说他绝不是个当作曲家的料。达尔文当年决定放弃行医时,遭到父亲的斥责:"你放着正经事不干,整天只管打猎、捉狗捉蒿子的。"另外,达尔文在自传上透露,"小时候,所有的老师和长辈都认为我资质平庸,我与聪明是沾不上边的。"爱因斯坦

4 岁才会说话,7 岁才会认字;老师给他的评语是:"反应迟钝,不合群,满脑袋不切实际的幻想。"他曾遭到退学的命运。罗丹的父亲曾怨自己有个白痴的儿子,在众人眼中,他曾是个前途无"亮"的学生;艺术学院考了三次还考不进去。他的叔叔曾绝望地说:"孺子不可教也。"

托尔斯泰读大学时因成绩太差而被劝退学。老师认为"既没读书的头脑,又缺乏学习的兴趣。"

假如这些人不是"走自己的路",而是被他人的评论所左右,怎能取得举世瞩目的成绩?人生的成功自然包含有功成名就的意思,但是,这并不意味着你只有做出举世无双的事业,才算得上成功。世界上永远没有绝对的第一。看过马拉多纳踢球的人,还想一身臭汗在足球队里混吗?听过帕瓦罗蒂歌声的人,还想修炼美声唱法吗?其实,如果总是担心自己比不上别人,只想功成名就,那么世界上也就没有帕瓦罗蒂、马拉多纳这类人了。

太在乎别人的"评论",会使你做事畏首畏尾,养成优柔寡断的性格。假如一个企业家太在乎工人的"眼光",他就不是一个强有力的管理者。在发奖金时,他会首先考虑到副经理会怎么想,科长会怎么议论自己,然后那些老工人会不会认为我不照顾他们,还有门卫会不会认为自己不体贴他。这样,不调整十几遍,奖金是发不下去的。如果是个歌手,上台之前就东想西想,一身衣服会换上十来次,最后还是带着疑惑上场,上场后发现掌声没料想的热烈,心里又嘀咕上了……这样的歌手肯定唱不好的。而如果是个外交官,那可能就被人家牵着鼻子走,把自己国家都给卖了。太在乎别人的"眼光"肯定会以失去自我、失去个性作为代价,没有自我、没有个性的人肯定成不了大事,也不可能知道自己的价值。

与人交往的最佳境界是不卑不亢,这样才能不失自我。一个小职员见到总经理时很可能拘谨得语无伦次,而当他跳出总经理的圈子,就可能是大方自如。当你太在乎别人的时候,你也不知不觉地失去了自我。在生活中，我们经常会发现，有些我行我素、对别人反应迟钝的人却往往很让人佩服。只要我行我素而不侵犯别人，他们总是很受人欢迎的。

如今，我们生活在一个充满专家的时代。由于我们已十分习惯于依赖这些专家权威性的看法，因此便逐渐丧失对自己的信心，以致不能对许多事情提出意见或坚持信念。这些专家之所以会这么轻易取代我们的地位，是因为我们让他们这么做。

大部分人都没有想到自己其实才是世界上最伟大的专家——在他们自己本身、家庭或事业的世界里，他们做某些事，只不过是因为某些"专家"这么说，或因为那是一种流行，跟着做也可以凑个热闹。

心理学感言

保持自己的真面目，人们只有在找到自我的时候，才会明白自己为什么会到这个这个世界上来、要做些什么事、以后又要到什么地方去等这类问题。

14 用平静的内心，面对纷扰和浮躁

在纷繁的世界中，祈求完全平静的生活，是对环境对他人的过分要求。每个人都有自己的生活方式，要求别人为自己而改变，既不现实又显得自私。

国王提供了一份奖金，希望有画家能画出最平静的画。许多画家都未尝试。国王看完所有画，只有两幅最为他所喜爱，他决定从中作出选择。

一幅画是一个平静的湖，湖面如镜，倒映出周围的群山，上面点缀着

如絮的白云。大凡看到此画的人都同意这是描绘平静的最佳图画。

另一幅画也有山,但都是崎岖和光秃的山,上面是愤怒的天空,下着大雨,雷电交加。山边翻腾着一道涌起泡沫的瀑布,看来一点都不平静。

但当国王靠近一看时,他看见瀑布后面有一细小的树丛,其中有一母鸟筑成的巢。在那里,在怒奔的水流中间,母鸟坐在它的巢里——完全的平静。

到底哪幅画赢得奖赏? 国王选择了后者。

"因为,"国王解释道,"平静并不等于一个完全没有困难和辛劳的地方。"

心理学感言

抛开世间纷扰,在喧哗中仍然能获得内心的安宁,这才是真正的平静。只有心中的平静,才是自己可以主宰的平静。

15　知识与技能,才是长存之道

用钥匙开锁,比用大棒撬锁省力,本来用钥匙轻而易举就能做到的事,偏用大棒去完成,未免过于浪费了。

有一个县太爷,为了教化民心,计划重新建县城当中两座比邻的寺庙。公示一经张贴,前来竞标的队伍十分踊跃。经过层层地筛选,最后由两组人马中选:一组为工匠,另外一组则为和尚。县太爷说:各自整修一座庙宇,所需的器材工具,官家全数供应。工程必须在最短的时日完成,整修成绩要加以评比,最后得胜者将给以重赏。

此时的工匠团队,迫不及待地请领了大批的工具,以及五颜六色的油漆彩笔,经过全体员工不眠不休的整修与粉刷之后,整座庙宇顿时恢复雕龙画栋、金碧辉煌的面貌。

另一方面,却见和尚们只请领了水桶、抹布与肥皂而已,他们只不过是把原有的庙宇玻璃擦拭明亮而已。

到了工程结束的时候,已到了日落时分,正是评比揭晓的关键时刻。这时落日洒下的余辉,笼罩了和尚擦拭过的旧庙上。

这时候,和尚所整修的庙宇,呈现出柔和而不刺眼、宁静而不嘈杂、含蓄而不外显、自然而不做作的高贵气质来,与工匠所整修的眼花缭乱的颜色,呈现非常强烈的对比。

事实上,庙的功能是一个心灵的故乡,是一个净化心灵的场所,太过于华丽铺陈,相反的将失去其真正的功能。就庙的角度而言,和尚与工匠对修庙的境界,其高低就不言而喻了。

心理学感言

我们必须时时用心在身旁左右所发生的事物,能从中萃取知识获得智能。我们更要虚心把自己放空,才能接受周遭的事物,容纳不同的看法。惟有不断地创造知识与智能,才有永续的竞争力。

16　顺其自然,方可水到渠成

有些事,我们穷尽一生的精力也无法改变,妄想改变自然规律,是一切烦恼的开始。

有个小和尚,每天早上负责清扫寺庙院子里的落叶。

清晨起床扫落叶实在是一件苦差事,尤其在秋冬之际,每一次起风时,树叶总随风飞舞落下。

每天早上都需要花费许多时间才能清扫完树叶,这让小和尚头痛不已。他一直想要找个好办法让自己轻松些。

后来有个和尚跟他说:"你在明天打扫之前先用力摇树,把落叶统统摇下来,后天就可以不用扫落叶了。"

小和尚觉得这是个好办法,于是隔天他起了个大早,使劲的猛摇树,这样他就可以把今天和明天的落叶一次扫干净了。一整天小和尚都非常开心。

第二天,小和尚到院子里一看,他不禁傻眼了。院子里如往日一样的落叶满地。

老和尚走了过来,对小和尚说:"傻孩子,无论你今天怎么用力,明天的落叶还是会飘下来。"

小和尚终于明白了,世上有很多事是无法提前的,唯有认真地活在当下,才是最真实的人生态度。

心理学感言

许多人喜欢预支明天的烦恼,想要早一步解决掉明天的烦恼。明天如果有烦恼,你今天是无法解决的,每一天都有每一天的人生功课要交,努力做好今天的功课再说吧!

17　生活的冷暖,在于内心的感受

物以类聚,人以群分。每个人都以自我为中心,建立了一个社会交往圈,在交往圈里,人们在不断地效仿别人的行为,就如同镜子的内外。无论是自私冷漠,还是无私热情,都如同投入平静水面的石头,以你自己为中心点,一圈一圈地扩展,使周围的人和你同步波动。

从前有一位智慧的老人,每天坐在加油站外面的椅子上,向开车经过镇上的人打招呼。

这一天,他的孙女儿在他身旁,陪他慢慢地共度光阴。

他俩坐在那里看着人们经过,一位身材很高看来像个游客的男人(他们认识镇上每个人)到处打听,想要找地方住下来。

陌生人走过来说:"这是个怎样的城镇?"老人慢慢转过来回答:"你来自怎样的城镇?"游客说:"在我原来住的地方,人人都很喜欢批评别人。邻居之间常说别人的闲话,总之那地方很不好住。我真高兴能够离开,那不是个令人愉快的地方。"摇椅上的老人对陌生人说:"那我得告诉你,其实这里也差不多。"

过了个把小时,一辆载着一家人的大车在这里停下来加油。车子慢慢转进加油站,停在老先生和他孙女儿坐的地方。母亲带着两个小孩子下来问哪里有洗手间,老人指着一扇门,上面有根钉子悬着扭歪了的牌子。

父亲也下了车,问老人说:"住在这市镇不错吧?"坐在椅子上的人回答:"你原来住的地方怎样?"

父亲看着他说:"我原来住的城镇每个人都很亲切,人人都愿帮助邻居。无论去哪里,总会有人跟你打招呼,说谢谢。我真舍不得离开。"老先生转过来看着父亲,脸上露出和蔼的微笑,"其实这里也差不多。"

然后那家人回到车上,说了"谢谢",挥手再见,驱车离开。

等到那家人走远,孙女儿抬头问祖父,"爷爷,为什么你告诉第一个人这里很可怕,却告诉第二个人这里很好呢?"祖父慈祥地看着孙女儿美丽湛蓝的双眼说:"不管你搬到哪里,你都会带着自己的态度;那地方可怕或可爱,全在乎你自己!"

都市心灵疗愈课

心理学感言

　　当我们年幼时,充满无限的幻想,梦想着要改变世界。当长大一点,我们发现世界不会改变,决定放短自己的目光,去改变国家。但是,国家好像也不可以改变。到了暮年,我们决定做最后的尝试,只要改变自己的家人,那些与我们最亲近的人。然而,他们也不曾改变。如果我们首先改变了自己,然后通过以身作则,就可能改变了家庭,而受到他们的鼓励,可以使得我们的国家变得更好一些;说不定,我们还改变了整个世界。我们思想和行为的顺序应该从自己开始。

第二章

工作,需要一个梳理的过程

　　工作态度就像个人形象一样,也能反映出一个人的思想,可以改变他人对你的看法,决定着一个人的成与败。高尔基曾说过"工作如果是快乐的,那么人生就是乐园;工作如果是强制的,那么人生就是地狱。"只有珍惜自己的工作的人,才能投入自己的热情与精力,并从中得到快乐;而那些把工作看成是一种负担,整天混日子的人,迟早会被淘汰出局。

01 冲破环境的束缚,发挥个人潜能

有句话说:大隐隐于市。意思是说真正的隐士就生活在市井之中,看上去和平凡的人没有什么区别。

有一天,一位禅师为了启发他的门徒,给他的徒弟一块石头,叫他去蔬菜市场,并且试着卖掉它,这块石头很大,很美丽。但是师父说:"不要卖掉它,只是试着卖掉它。注意观察,多问一些人,然后只要告诉我在蔬菜市场它能卖多少钱。"这个人去了。在菜市场,许多人看着石头想:它可作很好的小摆件,我的孩子可以玩,或者可以把它当做称菜用的秤砣。于是他们出了价,但只不过几个小硬币。那个人回来。他说:"它最多只能卖几个硬币。"

师父说:"现在你去黄金市场,问问那里的人。但是不要卖掉它,只问问价。"从黄金市场回来,这个门徒很高兴,说:"这些人太棒了。他们乐意出到1000块钱。"

师父说:"现在你去珠宝商那儿,但不要卖掉它。"门徒又去了珠宝商那里。他简直不敢相信,他们竟然乐意出5万块钱,他不愿意卖,他们继续抬高价格——他们出到10万。但是门徒说:"我不打算卖掉它。"他们说:"我们出20万、30万,或者你要多少就多少,只要你卖!"门徒说:"我不能卖,我只是问问价。"他不能相信:"这些人疯了!"他自己觉得蔬菜市场的价已经足够了。

门徒回来,师父拿回石头说:"我们不打算卖掉它,不过现在你明白了,这个要看你是不是有试金石、理解力。如果你是生活在蔬菜市场,那么你只有那个市场的理解力,你就永远不会认识更高的价值。"

一个哲学家与一个船夫之间正在进行一场对话。

"你懂哲学吗?""不懂。""那你至少失去了一半的生命。""你懂数学吗?""不懂。""那你失去了百分之八十的生命。"

突然，一个巨浪把船打翻了，哲学家和船夫都掉到了水里。看着哲学家在水中胡乱挣扎，船夫问哲学家:"你会游泳吗?""不……会……""那你就失去了百分之百的生命。"

心理学感言

能力的发挥取决于工作平台，高层次的空间、重要的工作是显示才能的重要外部条件，在市场上卖菜是营销，做出口贸易也是营销，但两者的价值体现却天差地别。所以只有找到合适的工作环境，才能发挥你的最大潜力。

02 对于工作，耐心与毅力同样重要

我们不缺乏远大目标，缺乏的是脚踏实地；我们不缺乏冒险精神，缺乏的是成功基石；我们不缺乏充沛体力，缺乏的是毅力和忍耐。因为不知道离成功有多远，我们常常眼看接近终点又放弃了。

有一个年轻人好不容易得到一份工作，被派到一个海上油田钻井队。首次在海上作业时，领班要求他在限定的时间内，登上几十米高的钻油台上，将一个包装盒子交给最顶层的一名主管。他小心翼翼地拿着盒子，快步登上狭窄的阶梯，将盒子交给主管。主管看也不看只是在盒子上签了个名，然后又叫他马上送回去。他只好又快步地跑下阶梯，将盒子交给领班，领班同样也在盒子上面签了个名，又叫他送上去交给主管。他疑惑地

看了领班一眼,但还是依照指示送上去。

第二次爬到顶层的他已经气喘如牛,主管仍旧默不作声地在盒子上签了个名,示意要他再送下去。他心中开始有些不悦,无奈地转身拿起盒子送下去。他再度将盒子交给领班,领班依旧签了名后又让他再上去一趟,此时他已经有些发火,他瞪着领班强忍住不发作,抓起盒子生气地往上爬。到达顶层时他已经全身湿透了。他将盒子递给主管,主管头也不抬地说:"将盒子打开吧!"此时他再也忍不住满腔怒火,重重地将盒子摔在地上,然后大声地吼道:"老子不干了!"

这时主管从位子上站了起来,打开盒子拿出香槟叹了口气对他说:"刚才你所做的一切,叫做极限体力训练,因为我们在海上作业,随时可能会遇到突发的状况及危险,因此每一位队员必须具备极强的体力与配合度,来面对各种考验。好不容易前两次你都顺利过关,只差最后一步就可以通过测试了,实在很可惜!看来你是无法享受到自己辛苦带上来的香槟了,现在,你可以离开了!"

在20世纪50年代,有一位女游泳选手,她发誓要成为世界上第一位横渡英吉利海峡的人。为了达成这目标,她不断地练习,不断地为这历史性的一刻做准备。

这一天终于来临了。女选手充满自信地昂首阔步,然后在众多媒体记者地注视下,满怀信心地跃入大海中,朝对岸英国的方向迈进。

旅程刚开始时,天气非常好,女选手很愉快地向目标游进。

但是,随着越来越接近英国对岸,海上起了浓雾,而且越来越浓,几乎已到了伸手不见五指的程度。

女选手处在茫茫大海中,完全失去了方向感,她不晓得到底还要多远才能上岸。她越游越心虚,越来越筋疲力尽。最后她终于宣布放弃了。

当救生艇将她救起时,她才发现只要再100多米就到岸了。

众人都为她惋惜,距离成功就那么近了。

她对着众多的媒体说:"不是我为自己找借口,如果我知道距离目标只剩100多米,我一定可以坚持到底,完成目标的。"

心理学感言

睡觉、吃饭是我们日复一日的活动,没有谁对此感到厌烦,但我们却常常对不断重复的工作失去耐心,这是因为我们没有意识到工作也是我们生存的基本条件。简单的重复是对熟能生巧的一种锻炼,只要你在工作中注入了感情,再单调的工作也会充满乐趣,成功是给能够坚持到最后的人的。

03 合力协作,才是团队发展的基石

每个人的工作都是整个工作的一个环节,不同的环节需要不同的方法和技巧,如果以自己为标准来衡量他人,势必会造成工作的不协调,整个团队就毫无效率而言。

从前有一座市镇,想组建一个交响乐团。能成为交响乐团的成员是一份荣誉与特权,加入者不必拥有自己的乐器。乐团指挥提供一份永久性的邀请,任何人都可以签约加入,那是一份终生的合约。很快,交响乐团就组建起来了。

指挥者交给每位演奏者他所编写的"完美乐曲"的一部分,要每个人好好练习,等到音乐会那天做首场演出。每位演奏者都认真练习,但演奏者禁不住留意到其他人练习的部分与自己的有所不同。

"看那些小提琴,"法国号手抱怨说,"他们练习的方式既无节奏也无道理……每次内容都不一样,为何他们与我们不一样,练习同样的音阶和乐曲？这些人连基础都没打好！"

"我宣告，"小提琴手嗤之以鼻地观看法国号手的练习，"真难相信他们每次都练习相同的东西。那一定很无聊！他们为何不像我们一样，享受即兴发挥的乐趣？"

"你能想象吗？"鼓手喘气说，"哪些吹奏低音管的人只懂得在房间里练习，结束了便回家，从来没有在观众面前演出，他们一定没什么进步。"

"有时候真叫人怀疑他们有没有签订合约，"吹低音管的人叹气，"那些鼓手真忙碌，每晚都走到市内，在最糟糕的地方演奏，或许他们从来不花时间练习。"演奏者曾经不期而遇，当然他们的话题集中在如何诠释乐曲。"这是一首胜利进行曲，"小号手断然地说，"应当奏出庄严和胜利的气氛。""不，不，"竖琴手说，"那是一首情歌——甜蜜、愉快、温柔。"

"根本是疯狂！"吹单簧管的人打断说话，"那是一首圣诗，属于虔诚和崇拜的一类。"

虽然有许多分部的练习，演奏者却从未在何时进行全团练习，因此无人知道该作品将于何时演出。由于他们对演奏时间和方式争吵甚为激烈，这个话题最好不要再提起。

交响乐团的各部仍然保持单独练习，从没有在一起练习过。当演奏的日子来临，指挥家举起指挥棒的时候，试想，他们会演奏出一个完美的乐曲么？答案可想而知。

心理学感言

一根铁链的强度取决于其中最脆弱的一环，一个木桶的容量取决于其中最短的一根木板，这是纵向的组合。而团队是横向的团结合作，折断一根木棒容易，折断一捆木棒很难。局部和整体的关系，应该是 $1+1>2$ 的关系。每个人都有优缺点，在一个优秀的团队中，人们之间这些优缺点是互补的，而不是怀疑和猜忌。如果每个人都各行其是，横向的合作只能变成纵向的连接。

- -

04　正确认识自己，成功才会轻而易举

正确认识自己并不是一件容易的事。自信是一种积极的心态，但过于自信就变成了自大。在他人取得成绩时，不在自己身上找原因，而去怨天尤人，是年轻人常犯的一种错误。与其眼高手低找客观原因，不如靠自己努力去取得成绩。

有两个要好的伙伴同时受雇于一家超级市场，开始时大家都一样，从最底层干起。可不久其中的一个受到总经理的青睐，一再被提升，从领班一直到部门经理。另外一个却像被遗忘了一般，还在最底层混。终于有一天这个被遗忘的人忍无可忍，向总经理提出辞呈，并痛斥总经理，辛勤工作的人不提拔，倒提拔那些吹牛拍马的人。总经理耐心地听着，他了解这个小伙子，工作肯吃苦，但似乎缺了点儿什么，缺什么呢？ 三言两语说不清楚，说清楚了他也不服，看来……他忽然有了个主意。

"小伙子"，总经理说："你马上到集市上去，看看今天有什么卖的。"

这个人很快从集市上回来说，刚才集市上只有一个农民拉了车土豆在卖。

"一车大约有多少袋，多少斤？"总经理问。他又跑去，回来后说有40袋。

"价格是多少？"他再次跑到集上。

总经理望着跑得气喘吁吁的他说："请休息一会儿吧，看看你的朋友是怎么做的。"说完叫来他的朋友，并对他说："你马上到集市上去，看看

今天有什么卖的。"

他的朋友很快从集市上回来了,汇报说到现在为止只有一个农民在卖土豆,有40袋,价格适中,质量很好,他带回几个让总经理看。这个农民一会还将弄几箱西红柿上市,据他看价格还公道,可以进一些货。想这种价格的西红柿总经理大约会要,所以他不仅带回来几个西红柿作样品,而且把那个农民也带来了,他现在正在外面等回话呢。

总经理看了一眼在一旁红了脸的小伙子,说:"这就是你朋友得到晋升的原因。"

人与人之间的能力差异是客观存在的,正是由于这种差异的存在,才有了伟大和平凡之分。只有正确认识自己,分析自己,找出自己的不足之处,才能从嫉妒和怨天尤人的陷阱中脱身出来,对于强者,要认真分析观察他成功的原因,学习他身上的优点;也要看到他身上的不足,总结他经历中的挫折,避免自己也犯同样的错误。只有这样,我们的自己的能力才能得到不断地提高。

05 做事分清轻重缓急,才能事半功倍

当你工作时手忙脚乱,当你哀叹自己是公司中最忙碌的人,当你回到家里已经累得筋疲力尽的时候,你有没有认真地想过,造成这种情况的原因是什么?如果你将工作事务按轻重缓急安排好,并进行全面地时间管理,那么你就不会出现上面所说的情形。

在一次上时间管理的课上,教授在桌子上放了一个装水的罐子。然

后又从桌子下面拿出一些正好可以从罐口放进罐子里的"鹅卵石"。当教授把石块放完后问学生们："你们说这罐子是不是满的？"

"是！"所有的学生异口同声地回答说。"真的吗？"教授笑着问。然后再从桌底下拿出一袋碎石子，把碎石子从罐口倒下去，摇一摇，再加一些，再问学生："你们说，这罐子现在是不是满的？"这回他的学生不敢回答得太快。最后班上有位学生怯生生地细声回答道："也许没满。"

"很好！"教授说完后，又从桌下拿出一袋沙子，慢慢的倒进罐子里。倒完后，于是再问班上的学生："现在你们再告诉我，这个罐子是满的呢？还是没满？""没有满，"全班同学这下学乖了，大家很有信心地回答说。"好极了！"教授再一次称赞这些"孺子可教"的学生们。称赞完了后，教授从桌底下拿出一大瓶水，把水倒在看起来已经被鹅卵石、小碎石、沙子填满了的罐子。当这些事都做完之后，教授正色问他班上的同学："我们从上面这些事情得到什么重要的功课？"

班上一阵沉默，然后一位自以为聪明的学生回答说："无论我们的工作多忙，行程排得多满，如果要逼一下的话，还是可以多做些事的。"这位学生回答完后心中很得意地想："这门课到底讲的是时间管理啊！"教授听到这样的回答后，点了点头，微笑道："答案不错，但并不是我要告诉你们的重要信息。"说到这里，这位教授故意顿住，用眼睛向全班同学扫了一遍说："我想告诉各位最重要的信息是，如果你不先将大的'鹅卵石'放进罐子里去，你也许以后永远没机会把它们再放进去了。"

心理学感言

对于工作中林林总总的事件可以按重要性和紧急性的不同组合确定处理的先后顺序。先集中时间做大事要事，剩余时间再处理小事杂事。

06　命运永远都要把握在自己手里

在没有涉及自己的利益时,我们相信并愿意别人表现,一旦到了紧要时刻,我们最相信的还是自己,因为我们不愿意把命运交到别人手里。

有一位顶尖级的杂技高手,一次,他参加了一个极具挑战的演出,这次演出的主题是在两座山之间的悬崖上架一条钢丝,而他的表演节目是从钢丝的这边走到另一边。

演出就要开始了,整座山聚满了观众,当中有记者、主办单位、赞助商和看热闹的人群。这时,只见杂技高手走到悬在山上钢丝的一头,然后用眼睛注视着前方的目标,并伸开双臂,第一步、二步、三步,慢慢的杂技高手终于顺利地走了过去,这时,整座山响起了热烈的掌声和欢呼声。

"我要再表演一次,这次我要绑住我的双手走到另一边,你们相信我可以做到吗?"杂技高手对所有的人说。我们知道走钢丝靠的是双手的平衡,而他竟然要把双手绑上。但是,因为大家都想知道结果,所以都说:"我们相信你的,你是最棒的!"杂技高手真的用绳子绑住了双手,然后用同样的方式一步、两步终于又走了过去,"太棒了,太不可思议了!"所有的人都报以热烈的掌声。但没想到的是杂技高手又对所有的人说:"我再表演一次,这次我同样绑住双手然后把眼睛蒙上,你们相信我可以走过去吗?"所有的人又都说:"我们相信你!你是最棒的!你一定可以做到的!"

杂技高手从身上拿出一块黑布蒙住了眼睛,用脚慢慢地摸索到钢丝,然后一步一步地往前走,所有的人都屏住呼吸为他捏一把汗。终于,他走过去了!掌声雷动!"你真棒!你是最棒的!你是世界第一!"所有的人都在呐喊着。

表演好像还没有结束，只见杂技高手从人群中找到一个孩子，然后对所有的人说："这是我的儿子，我要把他放到我的肩膀上，我同样还是绑住双手蒙住眼睛走到钢丝的另一边，你们相信我吗？"

所有的人都说："我们相信你！你是最棒的！你一定可以走过去的！"

"真的相信我吗？"杂技高手问道。"相信你！真的相信你！"所有的人都说。"我再问一次，你们真的相信我吗？"

"相信！绝对相信你！你是最棒的！"所有的大声回答。

"那好，既然你们都相信我，那我把我的儿子放下来，换上你们的孩子，有愿意的吗？"杂技高手说。

这时，整座上鸦雀无声，再也没有人敢说相信了。

心理学感言

在我们现实工作中，许多人都会说：我相信我自己，我是最棒的！当我们在喊这些口号时，我们是否真的相信自己？我们会不会一出门后或遇到一点困难就忘掉刚才所喊的这句话呢？只有自己真的相信，才能让别人相信你。

07 张弛有度，才是长存之道

俗话说："千里无轻担。"一个再轻的担子，哪怕是空筐，挑上它走上1000米不停，也会让人无法忍受。

有一位讲师在压力管理的课堂上拿起一杯水，然后问听众说："各位认为这杯水有多重？"听众有的说400克，有的说500克不等，讲师则说："这杯水的重量并不重要,重要的是你能拿多久? 拿一分钟,各位一定觉得没问题;拿一个小时,可能觉得手酸;拿一天,可能就得叫救护车了。其实,这杯水的重量是不变的,但是你若拿越久,就觉得越沉重,这就像我们承担着压力一样,如果我们一直把压力放在身上,不管时间长短,到最后就觉得压力越来越沉重而无法承担,我们必须做的是放下这杯水,休息一下后再拿起这杯水,如此我们才能拿得更久,所以,各位应该将承担的压力于一段时间后,适时地放下并好好地休息一下,然后再重新拿起来,如此才可承担得越久。"

多年前有一个探险家,雇用了一群当地土著人作为向导及挑夫,在南美的丛林中找寻古印加帝国的遗迹。尽管背着笨重的行李,那群土著人依旧健步如飞,长年四处征战的探险家也比不上他们的速度,每每都喊着前面的土著人停下来等候一下。

探险的旅程就在这样的追赶中展开,虽然探险家总是落后,在时间的压力下,也是竭尽所能地跟着土著人前进。到了第四天清晨,探险家一早醒来,立即催促着土著人赶快打点行李上路,不料土著们却不为所动,令探险家十分恼怒。

后与向导沟通之后,探险家了解了背后的原因。这群土著自古以来便流传着一项神秘的习俗,就是在旅途中他们总是拼命地往前冲,但每走上三天,便需要休息一天。向导说:"那是为了能让我们的灵魂,能够追得上我们赶了三天路的身体。"

心理学感言

凡事全力以赴,使身体发挥出让灵魂跟不上的冲劲,是做事时最用心、最完美的境界。但是,应该休息时,则要让疲惫的身心获得充足的复原机会,能掌握工作与休息之间的脉动,才是持续拥有无穷动力的宝贵智能。

08　对症下药,才能药到病除

医生看病讲究是对症下药,所以才能药到病除。如果发生了火灾,你把油当成水往上浇,只能是适得其反,不见其利,反受其害。没有无原因的结果,也没有无结果的原因。只有找到问题的关键所在,解决起来才能事半功倍。

有一天,动物园管理员们发现袋鼠从笼子里跑出来了,于是开会讨论,一致认为是笼子的高度过低。所以决定将笼子的高度由原来的 10 米加高到 20 米。结果第二天,他们发现袋鼠还是跑到外面来,所以他们又决定再将高度加高到 30 米。

没想到隔天居然又看到袋鼠全跑到外面,于是管理员们大为紧张,决定一不做二不休,将笼子的高度加高到 100 米。

一天,长颈鹿和几只袋鼠们在闲聊:"你们看,这些人会不会再继续加高你们的笼子?"长颈鹿问。"很难说。"袋鼠说:"如果他们再继续忘记关门的话!"

心理学感言

一把钥匙只能开一把锁,如果你想拿一把钥匙去打开所有的锁,除非你能找到一把万能钥匙。但万能钥匙我们只是在电影中见过,在实际生活中却不曾有谁见着。所以我们也不要为了开一把锁而去找那若存若无的万能钥匙。我们只要找到那把与之相配套的钥匙,一切就可以迎刃而解了。

09　合理利用自身的资源，方可赢得事业的成功

一个人想要获得成功，必须具备很多的条件。自身所具有的能力固然十分重要，但个人的能力总是有限的。所谓时势造英雄，英雄如果不利用时和势，光凭自己，恐怕也成不了英雄。一个好汉三个帮，众人拾柴火焰高，在自己力所不能及的时候，借用他人的力量为己所用，也是一种很好的方法。

星期六上午，一个小男孩在他的玩具沙箱里玩耍。沙箱里有他的一些玩具小汽车、敞篷货车、塑料水桶和一把亮闪闪的塑料铲子。在松软的沙堆上修筑公路和隧道时，他在沙箱的中部发现一块巨大的岩石。

小家伙开始挖掘岩石周围的沙子，企图把它从泥沙中弄出去。而岩石却相当巨大。男孩手脚并用，似乎没有费太大的力气，岩石便被他边推带滚地弄到了沙箱的边缘。不过，这时他才发现，他无法把岩石向上滚动、翻过沙箱边墙。小男孩下定决心，手推、肩挤、左摇右晃，一次又一次地向岩石发起冲击，可是，每当他刚刚觉得取得了一些进展的时候，岩石便滑脱了，重新掉进沙箱。

小男孩累得哼哼直叫，使出吃奶的力气猛推猛挤。但是，他得到的唯一回报便是岩石再次滚落回来，砸伤了他的手指。

最后，他伤心地哭了起来。这整个过程，男孩的父亲从起居室的窗户里看得一清二楚。当泪珠滚过孩子的脸庞时，父亲来到了跟前。

父亲的话温和而坚定："儿子，你为什么不用上所有的力量呢？"

垂头丧气的小男孩抽泣道："但是我已经用尽全力了，爸爸，我已经尽

力了！我用尽了我所有的力量！"

"不对，儿子，"父亲亲切地纠正道，"你并没有用尽你所有的力量。你没有请求我的帮助。"父亲弯下腰，抱起岩石，将岩石搬出了沙箱。

面对困难，需要顽强的态度和执着的信念，这本身没有错。但这并非要我们一条路走到黑。尺有所短，寸有所长，当遇到自己无法克服的困难时，何不去借助他人的力量呢！一个问题对我们是难题，也许对他们只是一个轻而易举就的事情。因此，要记住，学会获得帮助，也是一种重要的能力。

10　成功，是在不断争取之后得来的

快乐总是和痛苦相伴，成功总是有磨难相随。譬如爬山，当你爬到一半时，就累得不行了。如果你放弃的话，你就只能欣赏到山腰的景色了。如你能克服劳累，登上山顶，你才会知道山顶的景色是怎么样的，才能体会"会当凌绝顶，一览众山小"的感觉。人云：不到黄河心不死，不见棺材不掉泪。现实生活中，真需要不达目的誓不罢休的劲头儿。

有个大学毕业生去面试，那是他第一次面试，也是他记忆最深刻的一次面试。

那一天，他揣着一家著名广告公司的面试通知，兴冲冲地提前 10 分钟到达了那座大厦的一楼大厅里。当时他很自信，他专业成绩好，年年都拿奖学金。广告公司在这座大厦的 18 楼。这座大厦管理很严，两位精神抖擞的保安分立在两个门口旁,他们之间的条形桌上有一块醒目的标牌:"来客请登记。"

学生向前询问:"先生,请问 1810 房间怎么走?"保安抓起电话,过了一会说:"对不起,1810 房间没人。""不可能吧,"学生忙解释,"今天是他们面试的日子,您瞧,我这儿有面试通知。"那位保安又拨了几次:"对不起,先生,1810 还是没人,我们不能让您上去,这是规定。"

时间一秒一秒地过去。学生心里虽然着急,也只有耐心地等待,同时祈祷该死的电话能够接通。已经超过约定时间 10 分钟了,保安又一次彬彬有礼地告诉学生电话没通。学生当时压根也没想到第一次面试就吃了这样的"闭门羹"。面试通知明确规定:"迟到 10 分钟,取消面试资格。"学生犹豫了半天,只得自认倒霉地回到了学校。晚上,学生收到一封电子邮件:"先生,您好!也许您还不知道,今天下午我们就在大厅里对您进行了面试,很遗憾您没通过。您应当注意到那位保安先生根本就没有拨号。大厅里还有别的公用电话,您完全可以自己询问一下。我们虽然规定迟到 10 分钟取消面试资格,但您为什么立即放弃却不再努力一下呢? ……祝您下次成功!"

心理学感言

衡量你是否是一个人才的标准应该是多方面的,专业知识只是其中的一种。面对考验时,我们必须倾尽全力,把自己所有的能力都发挥出来,孜孜以求,这样才能让自己无怨无悔。遇挫便生放弃之心,逢难就起回头之意,那么,后悔将是你唯一的收获。

11 胸怀决定成就

人云：条条道路通罗马。此路不通，何不再寻他路？不要一条道走到黑。想从别人设下的困局逃脱，只要不顺着设局者的逻辑去考虑问题，这样，你就可以见招拆招。说你是阿Q也好，骂你是三八又如何？反正你主宰了局势。

有一个业务员到一家公司去推销产品。他请秘书恭敬地把名片交给董事长，一如预料，董事长不厌烦地把名片丢回去，"又来了！"很无奈地，秘书把名片退回去给立在门外看尽尴尬的业务员，业务员不以为然地再把名片递给秘书。

"没关系，我下次再来拜访，所以还是请董事长留下名片。"

拗不过业务员的坚持，秘书硬着头皮，再进办公室，董事长火大了，将名片一撕两半，丢回给秘书。

秘书不知所措地愣在当场，董事长更气，从口袋拿出十块钱，"十块钱买他一张名片，够了吧！"

岂知当秘书递还给业务员名片与钞票后，业务员很开心地高声说："请你跟董事长说，十块钱可以买二张我的名片，我还欠他一张。"随即再掏出一张名片交给秘书。突然，办公室里传来一阵大笑，董事长走了出来，"这样的业务员不跟他谈生意，我还找谁谈？"

一位留美的计算机博士，毕业后在美国找工作，结果应聘所有公司都不录用他。后来他决定收起所有证明，以一种"最低身份"再去求职。不久，他被一家公司录用为程序输入员，这对他来说简直是"高射炮打蚊子"，但他仍干得一丝不苟。

不久，老板发现他能看出程序中的错误，非一般的程序输入员可比，这时他亮出学士证，老板给他换了个与大学毕业生对口的专业。

过了一段时间，老板发现他时常能提出许多独到的有价值的建议，远比一般的大学生要高明。这时，他又亮出了硕士证，于是老板又提升了他。

再过一段时间，老板觉得他还是与别人不一样，就对他"质询"，此时他才拿出博士证，老板对他的水平有了全面认识，毫不犹豫地重用了他。

心理学感言 —————————————————

人的胸襟有多大，成就就有多大，争一时不如争千秋，要知道天将降大任于斯人时，必先苦其心志，劳其筋骨。忍一时之气，退一步海阔天空，反倒是处处是出路。横看成岭侧成峰，角度不同而已。

—————————————————————

12 卑微的工作，是检验高贵人生追求的试金石

"低就"不一定就低人一等。对于许多选择就业岗位的人们来说，首要的不是先瞄准好令人羡慕的岗位，而是一开始就树立好正常的就业观念。如果干什么都挑三拣四，或者以为选准一个岗位便可以一劳永逸，那么你就可能永远是真正的低人一等。正如台湾的女作家杏林子所说：现代社会，昂首阔步，趾高气扬的人比比皆是，然而有资格骄傲的却不骄傲的人才是真正的高贵。

20 世纪 70 年代初，美国麦当劳总公司看好台湾市场。打算正式进

军台湾岛之前,他们需要在当地先培训一批高级干部,于是进行公开的招考甄选。由于要求的标准颇高,许多初出茅庐的青年企业家都未能通过。

经过一再筛选,一位名叫韩定国的某公司经理脱颖而出。最后一轮面试前,麦当劳的总裁和韩定国夫妇谈了三次,并且问了他一个出人意料的问题:"如果我们要你先去洗厕所,你会愿意吗?"韩定国还未及开口,一旁的韩太太便随意答道:"我们家的厕所一向都是由他洗的。"总裁大喜,免去了最后的面试,当场拍板录用了韩定国。

后来韩定国才知道,麦当劳训练员工的第一堂课就是从洗厕所开始的,因为服务业的基本理论是:非以役人,乃役于人,只有先从卑微的工作开始做起,才有可能了解"以家为尊"的道理。韩定国后来所以能成为知名的企业家,就是因为一开始就能从卑微小事做起,干别人不愿干的事情。

心理学感言

好岗位好工作人人趋之若鹜,卑微琐碎的工作人人避之惟恐不及。如果你现在从事的是一种公认的卑微工作,短时间里也没有改变它的能力,那么,正确的办法应该是改变自己的心态,抱着一种化腐朽为神奇、化卑微为高尚的心态去做,会比抱着卑微去做要好无数倍。因为,于人于己,前一种心态都会得出一种好的结果,会引起别人的尊重,后者则不能。

13　欲速则不达,不要忘记"磨刀"

浪费时间,就是浪费生命,时间就是金钱。言中之意不外乎是在提醒人们时间的重要性,要人们珍惜时间,不要白白浪费时间。浪费时间有两种表现形式:一是整天无所事事,虚度时光;二是做事情效率低下,不讲求方法,只一味蛮干。不浪费时间并不是要你把睡觉的时间都拿来工作,而是要求尽可能地把效率提高。时代的发展,使知识更新的速度越来越快,还要求我们必须在一些时间去学习,去充电,去掌握知识和方法。这样办起事来才能得心应手,提高效率。这也是节省时间的一种方法。

年轻的伐木工人第一天砍了10棵树,他的斧头锐利,而且身强力壮、精神奕奕。第二天,他一样地努力工作,事实上,他觉得他比第一天工作更努力,但是只砍了8棵树。明天,他要早一点开始,所以他提早上床睡觉,到了第三天,他尽全力地工作,但是只砍了7棵树;又过了一天,数目减少为5棵树。到了第五天,他只能砍倒3棵树,而且在黄昏之前就觉得筋疲力尽。隔天早上,他正在费力砍树的时候,一个老人经过,问他:"你为什么不停下来磨一磨斧头呢?"他回答:"没时间,我正忙着砍树。"在大多数人的一生中,总有某些时候曾经像这个伐木工人一样,因为过于沉溺于一个活动之中,而忘了应该采取必要的步骤使工作更简单、快速。

心理学感言

俗话说得好,"磨刀不误砍柴工"。磨斧头一开始牺牲的不仅仅是时间,还有金钱。这过程可能代表了买书本、录音带、设备以及上课。善用各种能提高技能和学习新技能的机会。你的雇主也许会帮忙,有些公司会辅助参加进阶课程的员工,尤其是与工作相关的课程。即使没有辅助,你也应该这么做。

14 态度,可以改写履历

在美西战争期间,美国必须立即跟西班牙的反抗军首领加西亚将军取得联系,而加西亚正在古巴丛林的山里,没有人知道确切的地点,所以无法写信或打电话给他。美国总统必须尽快地获得他的合作。这时,有人说:"有一个叫罗文的人,有办法找到加西亚。"

当罗文从总统手中接过写给加西亚的信之后,并没有问:"他在什么地方? 怎么去找?"他经过千辛万苦,在几个星期后,把信交给了加西亚。

就是这么简单的一个故事,但是,它却流传到世界各地。《把信带给加西亚》的作者这样写到:

"像他这种人,我们应该为他塑造不朽的雕像,放在每一所大学里。年轻人所需要的不是学习书本上的知识,也不是聆听他人种种的指导,而是要加强一种敬业精神,对于上级的托付,立即采取行动,全心全意去完成任务——'把信带给加西亚'。"

"凡是需要众多人手的企业经营者,有时候都会因为一般人的被动无法或不愿专心去做一件事而大吃一惊,懒懒散散,漠不关心、马马虎虎的做事态度,似乎已经变成常态;除非苦口婆心、威迫利诱地叫属下帮忙,或者除非奇迹出现,上帝派一名助手给他,没有人能把事情办成。"

"我钦佩的是那些不论老板是否在办公室都努力工作的人;我也敬佩那些能够把信交给加西亚的人;静静地把信拿去,不会提出任何愚笨问题,也不会存心随手把信丢进水沟里,而是不顾一切地把信送到;这种人永远不会被'解雇',也永远不必为了要求加薪而罢工。这种人不论要求任何事物都会获得。他在每个城市、村庄、乡镇,每个办公室、公司、商店、工厂,都会受到欢迎。世界上急需这种人才,这种能够把信带给加西亚的人。"

心理学感言

　　米卢,这个带着中国足球队历史性杀进世界杯决赛的神奇教练有一句名言:态度决定一切。这句话初听起来有些武断,然而仔细琢磨,就会发现非常有道理。态度决定于思想,所谓有诸内而形之于外。有什么样的指导思想便会产生什么样的态度,从而也就决定了其行为。在工作中,这一点表现得非常明显。办公室里,经常听有言:老板在与不在一个样,其意是说不管老板在不在,都能以认真地态度对待工作。其实细想,这也可指另一种情形:老板在也好,不在也好,都在那儿混日子的人。这种人眼里,工作就是一种负担,整天抱着对付的心理,做一天和尚撞一天钟。这种人是害群之马,不仅害自己,也会对同事产生不良影响。这类人的下场都是一样的,想想南郭先生丢笙遁逃的故事,答案也就不言自明了。

15　正确审视自己同样重要

　　人的一生中总难免被别人评价:上学读书的时候,老师用考试来评价我们学习的好坏;参加工作了,老板用薪水评价我们的工作能力;走在大街上,我们会评价他人的外表、穿着……很多时候,我们总是在不断地评价与被评价。人如何能够自知,他人的评价就是一种让自己了解自己的过程。我们应该学会从别人的评价中了解自己,扬长避短,不断完善自己。

　　一只老鹰抓了一只山羊,然后飞上了天,旁边的一只乌鸦非常羡慕,决定要和老鹰比拼实力,它瞅准了山坡上的一只羊猛冲下去,它用尽全身的力气,想把山羊抓起,山羊连劲都没动一下,它耗尽了所有的力气,最后被牧羊人轻易捉住了。这只可怜的乌鸦不能准确地评价自己与老鹰的差距,不能准确地评估自己的实力,结果是自取其辱。

一个替人割草打工的男孩打电话给一位陈太太说:"您需不需要割草?"

陈太太回答说:"不需要了,我已有了割草工。"

男孩又说:"我会帮您拔掉花丛中的杂草。"

陈太太回答:"我的割草工也做了。"

男孩又说:"我会帮您把草与走道的四周割齐。"

陈太太说:"我请的那人也已做了,谢谢你,我不需要新的割草工人。"

男孩便挂了电话,此时男孩的室友问他说:"你不是就在陈太太那里割草打工吗?为什么还要打这电话?"男孩说:"我只是想知道我做得有多好!"

心理学感言

在现实生活与工作中,我们如想知道自己工作的好坏,只有不断探询客户对自己的评价,才有可能知道自己的不足之处。

16 挖一口自己的井,才能有更多的水喝

现在的高楼大厦是越来越多,然而在拿起工具开始建造之前,都会有

一套相同的工序,必须先画出详尽的设计图,而绘出设计图之前,脑子里要把每一细节构思好。有了设计图,然后才有施工计划,如此按部就班,才能完成建筑。如果设计稍有缺失,弥补起来,可能就要花费很大代价。因此,做好一幅完美的设计图是非常重要的。人生也一样,也需要设计。你必须诚实地面对自己,做好未来的计划,然后,在此之后,你才能够对达到渴望的结果有所期待。

有两个和尚住在隔壁,所谓隔壁就是隔壁那座山,他们分别住在相邻的两座山上的庙里。

这两座山之间有一条溪,于是这两个和尚每天都会在同一时间下山去溪边挑水,久而久之他们便成为了好朋友。

就这样时间在每天挑水中不知不觉已经过了五年。突然有一天左边这座山的和尚没下山挑水,右边那座山的和尚心想:"他大概睡过头了。"便不以为意。

第二天,左边这座山的和尚还是没下山挑水,第三天也一样。过了一个星期还是一样,直到过了一个月,右边那座山的和尚终于忍不住了,他心想:"我的朋友可能生病了,我要过去拜访他,看看能帮上什么忙。"于是,他爬上了左边这座山,去探望他的老朋友。

等他到了左边山的庙里,看到他的老友之后大吃一惊,因为他的老友正在庙前打太极拳,一点也不像一个月没喝水的人。他很好奇地问:"你已经一个月没有下山挑水了,难道你可以不用喝水吗?"

左边山的和尚说:"来来来,我带你去看。"于是他带着右边山的和尚走到庙的后院,指着一口井说:"这五年来,我每天做完功课后都会抽空挖这口井,即使有时很忙,能挖多少就算多少。如今终于让我挖出井水,我就不用再下山挑水,我可以有更多时间练我喜欢的太极拳。"

在公司上班领薪水,不管多少,那都是在挑水。总有一天,就没得水挑了。我们必须利用一切可以利用的条件和时间,自己挖一口井。未来年纪大了,体力拼不过年轻人了,还会有水喝,而且喝得很悠闲。

17 不断尝试和突破,就会大有收益

墨守成规是人的一种习惯,而这种习惯会让人的头脑僵化,思维模式化。在面对新事物或突发事件时,便不知所措了。我们必须勇于突破常规,具备超常思维,才能出奇制胜。

如果你把6只蜜蜂和6只苍蝇装进一个玻璃瓶中,然后将瓶子平放,让瓶底朝着窗户,会发生什么情况?

你会看到,蜜蜂不停地想在瓶底上找到出口,一直到它们力竭倒毙或饿死;而苍蝇则会在不到两分钟之内,穿过另一端的瓶颈逃逸一空。事实上,正是由于蜜蜂对光亮的喜爱,由于它们的智力,蜜蜂才灭亡了。

蜜蜂以为,囚室的出口必然在光线最明亮的地方;它们不停地重复着这种合乎逻辑的行动。对蜜蜂来说,玻璃是一种超自然的神秘之物,它们在自然界中从没遇到过这种不可穿透的大气层;而它们的智力越高,这种奇怪的障碍就越显得无法接受和不可理解。

那些愚蠢的苍蝇则对事物的逻辑毫不留意,全然不顾亮光的吸引,四下乱飞,结果误打误撞地碰上了好运气;这些头脑简单者总是在智者消亡的地方顺利得救。因此,苍蝇得以最终发现那个正中下怀的出口,并因此

获得自由和新生。

上面所讲的故事并非寓言,而是美国密执安大学教授卡尔·韦克转述的一个绝妙的实验。韦克是一个著名的组织行为学者,著有《组织的社会心理学》等书。

韦克总结到:"这件事说明,实验、坚持不懈、试错、冒险、即兴发挥、最佳途径、迂回前进、混乱、刻板和随机应变,所有这些都有助于应付变化。"

但这样说也不是要鼓励我们对世界的悲观看法。韦克的观点是,对付不确定性的办法,是在瞬变时刻赋予事物以合理性,就像上述实验中的苍蝇一样。这意味着,面对趋于复杂的世界,如果你想使之成理,就必须拥有随机性的智慧而不是教条式的智慧。在《走向"测不准"的管理中》所述的布拉多印第安人,他们通过炙烤鹿骨来决定狩猎的走向,如此方可称为真正的智慧。

为什么这样讲? 由于狩猎是布拉多印第安人千百次进行的一项活动,他们得以积累丰富的有关猎物、追踪、天气和地形的经验。通常情况下,他们会依靠狩猎队伍中经验丰富的猎手的知识和智力进行判断;然而在外界环境的变数加大或遭遇其他特殊情况时,布拉多印第安人便会把经验搁置一旁,转而求助于非逻辑性的"魔法"。从现代的理性人的观念来看,这样做简直荒唐可笑,但布拉多印第安人的魔法却带来了一些超出经验的新事物,使狩猎最终得以成功。魔法为其固定的狩猎模式引入了一个随机的变数,狩猎的战术因此不会墨守成规,避免了由于一味遵从经验而可能造成的无效追逐,这也就是我们常说的"因以往的成功经验而导致的失败"。

 **心理学感言**

蜜蜂因为自己的聪明而丢了性命,而愚蠢的苍蝇却能置之死地而后

生,这是多么令人深思的一个问题呀！蜜蜂以自己的的经验向着光亮处找出口,却不知道环境已经发生变化,才无数次的尝试之后,仍然不能转变认识。苍蝇虽笨,却在无路的情况下奋起一搏,重要柳暗花明。小生物如此,人生何尝不是如此呢。当生活遇到"玻璃墙",何不变化一种思维,也许能找到新的出口。

18　条条大道通罗马,破解难题的方法其实很多

不拘泥于一种方法达到目的,是对人的一种挑战。这是一种乐趣,懒人、墨守成规的人不会接受这种挑战,更无法享受创新带来的乐趣。让人欣慰的是,创新的人可以得到数倍于懒人的乐趣、慰劳,在一次次创新的体验之中,他们将创新之剑越磨越利。

很久以前,我接到我的同事的一个电话,他问我愿不愿意为一个试题的评分做鉴定人。好像是他想给他的一个学生答的一道物理题打零分,而他的学生则声称他应该得满分,这位学生认为如果这种测验制度不和学生作对,他一定要争取满分。导师和学生同意将这件事委托给一个公平无私的仲裁人,而我被选中了……

我到我同事的办公室,并阅读这个试题。试题是:"试证明怎么能够用一个气压计测定一栋高楼的高度。"

学生的答案是:"把气压计拿到高楼顶部,用一根长绳子系住气压计,然后把气压计从楼顶向楼下坠,直到坠到街面为止;然后把气压计拉上楼顶,测量绳子放下的长度。这长度即为楼的高度。"

这是一个有趣的答案,但是这学生应该获得称赞吗？我指出,这位学

生应该得到高度评价，因为他的答案完全正确。另一方面，如果高度评价这个学生，就可以给他物理课程的考试打高分；而高分就证明这个学生知道一些物理学知识，但他的回答又不能证明这一点……

我让这个学生用 6 分钟回答同一问题，但必须在回答中表现出他懂得一些物理学知识……在最后一分钟里，他赶忙写出他的答案，它们是：把气压计拿到楼顶，让它斜靠在屋顶有边缘处。让气压计从屋顶落下，让停表记下它落下的时间，然后用落下的距离等于重力加速度乘下落时间的平方的一半算出建筑物的高度。

看了这答案之后，我问我的同事他是否让步。他让步了，于是我给了这个学生几乎是最高的评价。正当我要离开我同事的办公室时，我记得那位同学说他还有另外一个答案，于是我问是什么样的答案。学生回答说："啊，利用气压计测出一个建筑物的高度有许多办法。例如，你可以在有太阳的日子在楼顶记下气压表上的高度和它影子的长度，又测出建筑物影子的高长度，就可以利用简单的比例关系，算出建筑物的高度。""很好，"我说，"还有什么答案？""有呀，"那个学生说，"还有一个你会喜欢的最基本的测量方法。你拿着气压表，从一楼登梯而上，当你登楼时，用符号标出气压表上的水银高度，这样你可以用气压表的单位得到这栋楼的高度。这个方法最直截了当。

"当然，如果你还想得到更精确的答案，你可以用一根弦的一端系住气压表，把它像一个摆那样摆动，然后测出街面和楼顶的 g 值（重力加速度）。从两个 g 值之差，在原则上就可以算出楼顶高度。"

最后他又说："如果不限制我用物理学方法回答这个问题，还有许多其他方法。例如，你拿上气压表走到楼房底层，敲管理人员的门。当管理人员应声时，你对他说下面一句话：'亲爱的管理员先生，我有一个很漂亮的气压表。如果你告诉我这栋楼的高度,我将把这个气压表送给您……'"

心理学感言

在有些人看来,这个学生纯粹是自找苦吃。自诩明智的人会暗自揣摩出教师出题的意图,然后给出一种相应的办法和答案。但大家都可以从这个学生的不间断地探索之中,感受到一种思索的乐趣。一种不拘泥于既有方法向往自由的欢悦。乐趣和欢悦会使人生丰富多彩。

19　自负,成功路上的陷阱

因骄傲而生浮躁;因浮躁而犯错误,所以,只有戒骄戒躁,谨慎从事,才会取得好成绩。

有个自负聪明的学生参加考试。试卷一发下来,他大致浏览了一下,除了试卷上头一行"请先看完所有题目之后,再开始作答"之外,有一百道是非题。以他的实力,大约 30 分钟可考完,他满怀自信地提笔开始作答。

过了两分钟,有人满面笑容地交卷,这个聪明的学生心中暗笑:"又是交白卷的家伙。"

再过五分钟,又有七八个人交卷,同样是笑容满面,看来不像是交白卷的模样。这个聪明学生看看自己只答到二十几题,连忙加快速度,埋头作答。

待他答到第 76 题时,赫然发现题目写着"本次考卷不需作答,只要签上姓名交卷便得满分,多答一题多扣一分。"

他满脸狐疑地举手欲向监考老师发问,只见同时也有数名考生迷惑地四处张望。

聪明的学生看着试卷第一行的说明:"请先看完所有题目之后,再开始作答"。他不禁痛恨自己答题的快速。

心理学感言

- -

自视过高,忽略了旁人的智慧,往往就会给自己带来挫折。克服自作聪明的毛病,以谦虚、谨慎的态度对待学习,对待周围的人,在人生的旅程中才能取得成功。

- -

20 快乐,始于认识

有一个在麦当劳工作的人,他的工作是煎汉堡。他每天都很快乐地工作,尤其在煎汉堡的时候,他更是用心,许多顾客看到他心情愉快地煎着汉堡,都对他为何如此开心感到不可思议,十分好奇,纷纷问他说:"煎汉堡的工作环境不好,又是件单调乏味的事,为什么你可以如此愉快地工作?"

这个煎汉堡的人说:"在我每次煎汉堡时,我便会想到,如果点这汉堡的人可以吃到一个精心制作的汉堡,他就会很高兴,所以我要好好地煎汉堡,帮助吃到我做的汉堡的人能感受到我带给他们的快乐。看到顾客吃了之后十分满足,并且神情愉快地离开时,我便感到十分高兴,心中仿佛觉得又完成一件重大的工作。因此,我把煎好汉堡当做是我每天工作的一项使命,要尽全力去做好它。"

顾客们听了他的回答之后,对他能用这样的工作态度来煎汉堡,都感到非常钦佩。他们回去之后,就把这样的事情告诉周围的同事、朋友或亲人,一传十、十传百,很多人都来到这家麦当劳店吃他煎的汉堡,同时看看"快乐的煎汉堡的人"。

顾客纷纷把他们看到这个人的认真、热情的表现,反映给公司;公司主管在收到许多顾客的反应后,也去了解情况。公司有感于他这种热情积极的工作态度,认为值得奖励并给予栽培。没几年,他便升为区经理了。

心理学感言

以工作为乐,就会对工作有热情,就会以认真负责的态度对待工作,别人看到了你工作的态度和成绩,机会自然就来了。

21 在合适的位置上做合适的事,才能功成名就

生活中有你的位置,稍微用下心,不难会发现。

淘气的小猴子、毛儿纠缠不清的山羊、驴子和笨手笨脚的熊,准备来一个伟大的四重奏。它们搞到了乐谱、中提琴、小提琴和两只大提琴,就坐在一棵菩提树下的草地上,想用它们的艺术来风靡全世界。它们咿咿哑哑地拉着琴,乱糟糟的一阵吵闹,天哪,不晓得是什么名堂!"停奏吧,兄弟们,等一下,"小猴子说道,"像这样是奏不好的,你们连位子也没有坐对! 大熊,你奏的是大提琴,该坐在中提琴的对面。第一把提琴呢,该坐在第二把提琴的对面。这样一来,你瞧着吧,我们就能奏出截然不同的

音乐,叫山岭和树林都喜欢得跳起舞来。"

它们调动了位置,重新演奏起来,然而怎么也演奏不好。

"嗨,停一停,"驴子说道,"我可找到窍门了! 我相信坐成一排就好了。"它们按照驴子的办法,坐成一排。可是管用吗? 不管用。不但不管用,而且杂乱得一塌糊涂了。于是它们对怎样坐法以及为什么这样坐法,争吵得更加厉害。

吵闹的声音,招来了一只夜莺。大家就向它请教演奏的窍门。

"请你耐心教导我们,"它们说,"我们正在搞一个四重奏,一点儿也搞不出名堂。我们有乐谱,有乐器,只要你告诉我们怎样坐法就行了!"

"要把四重奏搞得得心应手,你们必须懂得演奏的技术,"夜莺答道,"光知道怎样坐法是不够的。再说呢,我的朋友们,你们的听觉也太不高明了。换个坐法也罢,换个提琴也罢,说到底你们是不配搞室内音乐的。"

迈克在求学方面一直遭遇挫折,高中未毕业时,校长对她的母亲说:"迈克或许并不适合读书,他的理解能力差得叫人无法接受。他甚至弄不懂两位数以上的计算。"他的母亲很伤心,决定自己教他。然而,无论迈克如何努力,他也记不住那些需要记忆的东西。迈克很伤心,他决定远走他乡……

许多年后,市政府为了纪念一位名人,决定公开征求设计名人雕像的雕塑师,众多雕塑大师纷纷献上自己的作品,最终一位远道而来的雕塑师被选中。开幕式上,他说:"我想把这座雕塑献给我的母亲,因为,我读书时没有获得她期望中的成功,现在我要告诉她,大学里没有我的位置,但生活中总会有我的一个位置。"这个人就是迈克。人群中迈克的母亲喜极而泣,她知道迈克并不笨,当年只是没有把他放对位置而已。

心理学感言 — — — — — — — — — — — — — — — — — —

　　此路不通,决不等于无路可走;换一条路,尤其是换一条适合自己的路,也许会走得更出色。

— —

第三章

在苦乐之上享受生活

生活中很多事都是失去之后才觉察到它的珍贵,比如时间,比如青春。失去这些贵重东西后,对他们的追求会重新成为一种欲望。事实上,选择的鸿沟更加难以逾越。因此,更加需要按捺住对它的追求冲动。

01 爱,可以拯救生命

爱是摇篮中母亲无字的歌,爱是月光下情人轻柔的吻,爱是挫折中伸向你的手,爱是给乞丐的一份馈赠,爱是拯救生命的一颗真心……爱不是白发慈母可怜的泪水,爱不是朝三暮四背后低声的哭泣,爱不是自扫门前雪莫管瓦上霜,爱不是冷漠地轻视祈求的眼,爱不是放弃做人的义务……一时的心血来潮不是爱,只有时间才能理解爱有多么伟大。

从前有一个小岛,上面住着快乐、悲哀、知识和爱,还有其他各类情感。一天,情感们得知小岛快要下沉了,于是,大家都准备船只,离开小岛。只有爱留了下来,她想要坚持到最后一刻。

过了几天,小岛真的要下沉了,爱想请人帮忙。

这时,富裕乘着一艘大船经过。

爱问:"富裕,你能带我走吗?"

富裕答道:"不,我的船上有许多金银财宝,没有你的位置。"

爱看见虚荣在一艘华丽的小船上,恳求地说:"虚荣,帮帮我吧!"

"我帮不了你,你全身都湿透了,会弄坏了我这漂亮的小船。"

悲哀过来了,爱向她求助:"悲哀,让我跟你走吧!"

"哦……爱,我实在太悲哀了,想自己一个人待一会!"悲哀答道。

快乐走过爱的身边,但是她太快乐了,竟然没有听到爱在叫她!

突然,一个声音传来:"过来!爱,我带你走。"这是一位长者。爱大喜过望,竟忘了问他的名字。登上陆地以后,长者独自走开了。

爱对长者感恩不尽,问另一位长者知识:"帮我的那个人是谁?"

"他是时间。"知识老人答道。

"时间?"爱问道,"为什么他要帮我?"

知识老人笑道:"因为只有时间才能理解爱有多么伟大。"

心理学感言

　　金钱很重要,面子很重要,但自己的内心一定不能被它们完全占有,一定要腾出点位置给爱。没有付出过爱,就不会得到爱,那么即使长命百岁又有什么乐趣呢? 把悲哀和快乐都藏起些吧,让出点空间给爱,因为时间需要她。大喜大悲只是生命中的插曲,惟一永恒的是爱。

02　用心感受生活,才能看清真相

　　古人说:"耳听为虚,眼见为实。"但是眼睛也偶尔会欺骗你的心灵,有些时候事情的表面并不是它实际应该的样子。我们因为过分相信眼睛,常常放弃了心灵的思考。

　　两个旅行中的天使到一个富有的家庭借宿。这家人对他们并不友好,并且拒绝让他们在舒适的客人卧室过夜,而是在冰冷的地下室给他们找了一个角落。当他们铺床时,较老的天使发现墙上有一个洞,就顺手把它修补好了。年轻的天使问为什么,老天使答到:"有些事并不像它看上去那样。"

　　第二晚,俩人又到了一个非常贫穷的农家借宿。主人夫妇俩对他们非常热情,把仅有的一点点食物拿出来款待客人,然后又让出自己的床铺给两个天使。第二天一早,两个天使发现农夫和他的妻子在哭泣,他们惟

都市心灵疗愈课

一的生活来源——一头奶牛死了。年轻的天使非常愤怒,他质问老天使为什么会这样,第一个家庭什么都有,老天使还帮助他们修补墙洞,第二个家庭尽管如此贫穷还是热情款待客人,而老天使却没有阻止奶牛的死亡。

"有些事并不像它看上去那样。"老天使答道,"当我们在地下室过夜时,我从墙洞看到墙里面堆满了古代人藏于此的金块。因为主人被贪欲所迷惑,不愿意分享他的财富,所以我把墙洞填上了。昨天晚上,死亡之神来召唤农夫的妻子,我让奶牛代替了她。所以有些事并不像它看上去那样。"

仔细留意一下生活,这样的故事不止一个。

一户人家养了一条狗、一只猫。狗是勤快的。每天,当主人家中无人时,狗便竖起两只耳朵,虎视眈眈地巡视在主人家的周围,哪怕有一丁点的动静,狗也要狂吠着疾奔过去,就像一名恪尽职守的警察,兢兢业业地为主人家做着看家护院的工作。

每当主人家有人时,它的精神便稍稍放松了,有时还会伏地沉睡。于是,女主人家每一个人的眼里,这只狗都是懒惰的,极不称职的,便也经常不喂饱它,更别提奖赏它好吃的了。

猫是懒惰的。每当家中无人时,便伏地大睡,哪怕三五成群的老鼠在主人家中肆虐。睡好了,就到处散散步,活动活动身子骨。等主人家中有人时,它的精神也养好了,这儿瞅瞅那儿望望,也像一名恪尽职守的警察,时不时地,它还要去给主人舔舔脚、逗逗趣。在主人的眼中,这无疑是一只极勤快、极尽职守的猫。好吃的自然给了它。

由于猫的不尽职守,主人家的耗子越来越多。终于有一天,耗子将主人家最值钱的家当咬坏了,主人震怒了。他召集家人说:"你们看看,我们

66

家的猫这样勤快,耗子都猖狂到了这种地步,我认为一个重要的原因就是那只懒狗,它整天睡觉也不帮猫捉几只耗子。我郑重宣布,将狗赶出家门,再养一只猫。大家意见如何?"家人纷纷附和说,这只狗是够懒的,每天只知道睡觉,你看猫,每天多勤快,抓耗子吃得多胖,都有些走不动了。是该将狗赶走,再养一只猫。

于是,狗被一步三回头地赶出了家门。自始至终,它也不明白赶它走的原因。它只看到,那只肥猫在它身后窃窃地、轻蔑地笑着。

早年在美国阿拉斯加的地方,有一对年青人结婚,婚后生育,他的太太因难产而死,遗下一个孩子。他忙于生活,又忙于看家,没有人帮忙看孩子。因而他训练了一只狗,那狗聪明听话,能照顾孩子,咬着奶瓶喂奶给孩子喝,抚养孩子。有一天,主人出门去了,叫狗照顾孩子。他到了别的乡村,因遇大雪,当日不能回来。第二天才赶回家,狗立刻开门出来迎接主人。他把房门打开一看,到处是血,抬头一望,床上也是血,孩子不见了,狗也浑身是血。主人发现这种情形,以为狗兽性发作,把孩子吃掉了,狂怒之下,拿起刀来向着狗头一劈,把狗杀死了。

之后,他突然听到孩子的声音,又见他从床下爬了出来,于是抱起孩子,虽然身上有血,但并未受伤。他很奇怪,不知究竟是怎么一回事,再看看狗身,腿上的肉没有了,床底下有一只狼,口里还咬着狗的肉。原来,狗救了小主人,却被主人误杀。这真是可悲的误会。

心理学感言

在生活中遇到事情的时候,一定要多想想,不要轻易地下结论。我们的眼睛和耳朵有时候也会欺骗我们,千万不要因为是亲眼看见,亲耳听过就认为是真的。人的感觉器官是用来搜集信息的,如果不经过大脑分析就下定论,就会产生错误,甚至会伤害到你的亲人和朋友,所以下结论和行动一定要三思而后行,否则就会酿成大错。

———

03   贪婪和邪念,失败的导火索

螳螂捕蝉,黄雀在后,害人之心不可有,防人之心不可无。我们在伤害别人之前,要想到别人也会同样伤害我们。

渔夫很早就起来去赶海,在黎明的微光中,他已经在岸边岩石中间,站在没膝的海水中,把捕捉到的海鲜熟练地扔进大篓子里并带回家。

就这样,在离大海不远的渔夫家里,一只牡蛎遇到了几条鱼。它们被扔在地上,喘着粗气,脸色十分难看。

"哎,我真害怕,在这儿我们都得死,真没有办法呀!"牡蛎从来没有这样忧伤,它望着同伴们低声地说。

这时,一只老鼠从这儿经过。这只老鼠对自己的健康十分得意。

牡蛎准备利用这从天而降的唯一机会。"老鼠,请您听着。您的心肠这么好,肯定能把我带到海边去吧?"

老鼠看了牡蛎一眼。它可不是傻瓜,不能不想到,这只牡蛎又漂亮又肥大,一定有许多可口的、富有营养的精肉。

"马上就行动!"老鼠回答,它已经决定要吃掉牡蛎,"不过,为了把你带到海边,你得把壳张开一点。你的壳紧闭着,我怎么带你走呀!"

"哦,听你的!"牡蛎同意了。但是,它十分警惕地半张半开,因为,牡蛎也不是傻瓜。老鼠迫不及待地想咬住牡蛎。尽管它的行动迅速,但牡蛎事先就预料到了这一步,一下子就夹住了老鼠的脑袋。

老鼠疼得吱吱叫。这叫声传到猫的耳朵里,猫立刻跑过来,捉住了老鼠。

没有不劳而获的好处,也没有天上掉馅饼的好事,如果有意外的横财摆在眼前,可能陷阱就在附近。

04　对生活负责,才能创造美好明天

人们的生活方式千差万别,这些差别反映了人们不同的生活态度。认真对待生活,生活会回报以舒适和幸福;得过且过糊里糊涂则会处处不如意。如果我们漫不经心地"建造"自己的生活,不是积极行动,而是消极应付,凡事不肯精益求精,在关键时刻不能尽最大努力。等我们惊觉自己的处境,早已深困在自己建造的"房子"里了。

有一对住在达拉斯的富有夫妇,他们常为如何教导他们的孩子们服务他人而烦恼。孩子们已习惯要什么有什么,接受他人的服务;至于服务他人,那简直是中古时代甚至像火星那样遥远的事。做父亲的开始明白这一点时已太晚,但没什么,总比完全不开始好!

于是,孩子们的父母准备了一个特别的活动。假期开始前一周,他告诉全家,"这次感恩节我们要做点不一样的事。"

几个十几岁的孩子立刻坐直,因为通常在这种情形下,父亲会告诉大家一些特别有趣的活动,例如:到巴拿马群岛去玩小艇拖曳的降落伞等。

这次却不一样。

"我们一起到救济中心去，"他说，

"去侍候穷人和流浪者吃感恩节晚餐。"

"我们要做什么？"

"得了，爸，你在开玩笑，是不是？告诉我们你在开玩笑。"

他没有。

由于他的坚持，孩子们一起去了，但路上孩子们并不很高兴，他们很奇怪父亲怎么会做出这样的决定——到救济中心服务他人！若是朋友们知道会怎样想？

但是当天发生的事完全出乎了孩子们的预料，之后也无人能想到有哪一天会比那天更美好。他们在厨房忙来忙去，把火鸡和调味料捧上餐桌，切南瓜派，添了无数杯咖啡。他们在小孩子们面前扮小丑，听老人家说许久以前和遥远的感恩节故事。

父亲看到自己孩子的举动简直开心极了。几周后，孩子们提出了要求，"爸……我们想回去救济中心侍候圣诞节晚餐！"

他们去了。如同孩子们所盼望的。在那里遇见感恩节时认识的一些人。他们尤其记得一个有着特殊需要的家庭。当这家人在吃饭的行列中出现时，他们高兴极了。从那时起，两家人有过数次接触；原本娇生惯养的孩子不只一次卷起袖管，侍候达拉斯最贫穷的家庭之一。

这家庭发生了既明显又微妙的改变，孩子们不再以为凡事皆是理所当然，父母亲发觉他们变得更认真、更负责任。是的，虽然晚了一点，但那总是一个开始。

有个老木匠准备退休，他告诉老板，说要离开建筑行业，回家与妻子儿女享受天伦之乐。老板舍不得他的好工人走，问他是否能帮忙再建一座房子，老木匠说可以。但是大家后来都看得出来，他的心已不在工作

70

上,他用的是软料,出的是粗活。房子建好的时候,老板把大门的钥匙递给他。

"这是你的房子,"他说,"我送给你的礼物。"

老木匠震惊得目瞪口呆,羞愧得无地自容。如果他早知道是在给自己建房子,他怎么会这样呢? 现在他得住在一幢粗制滥造的房子里!

心理学感言

把你当成那个木匠吧,你的人生就是一座需要建造的房子,每天你敲进去一颗钉,加上去一块板,或者竖起一面墙,你的人生就这样逐渐充实起来! 你的生活是你一生唯一的创造,不能抹平重建,即使只有一天可活,那一天也要活得优美、高贵,墙上的铭牌上写着:"生活是由自己创造的"。

05 理性看待利益,才能实现心中的梦想

"天下熙熙,皆为利趋",世事变化已到了"拔一毛利天下,而不为"的地步,人人都谋利而动,无利则不动。这种境况导致的结果是人眼里只有利,没有人。往往因为蝇头小利,而置人的尊严于不顾,对别人的困难视若无睹。

从前,羊群中有对公羊不知为什么打起架来。它俩气冲冲地向后退几步,然后迎面地冲上去,用犄角拼命顶撞。几个回合下来,地上流了不少的血,但它俩斗红了眼,谁也不肯罢休。

一只豺狼走过来,看到这一情景,高兴极了,心想,今天准能吃到山羊

肉了！于是，就跑到两只公羊中间，舔地上的鲜血。它想：吃肉之前，先舔点血再说。就在这时，两只山羊再一次撞到一起，这只豺狼因为急于想舔一点血，没有来得及躲开，就倒在两只公羊的犄角下，一命呜呼了。

这是一个关于越战结束后一士兵的故事，他打完仗回到国内，从旧金山给父母打了一个电话，"爸爸，妈妈，我要回家了。但我想请你们帮我一个忙，我要带我的一位朋友回来。"

"当然可以。"父母回答道，"我们见到他会很高兴的。"

"有些事情必须告诉你们，"儿子继续说，"他在战斗上受了重伤。他踩着了一个地雷，失去了一只胳膊和一条腿。他无处可去，我希望他能来我们家和我们一起生活。""我很遗憾地听到这件事，孩子，也许我们可以帮他另找一个地方住下。"

"不，我希望他和我们住在一起。"儿子坚持。

"孩子，"父亲说，"你不知道你在说些什么，这样一个残疾人将会给我们带来沉重的负担，我们不能让这种事干扰我们的生活。我想你还是快点回家来，把这个人给忘掉，他自己会找到活路的。"就在这个时候，儿子挂上了电话。父母再也没有得到他们儿子的消息。

然而过了几天后，接到旧金山警察局打来的一个电话，被告知，他们的儿子从高楼上坠地而死，警察局认为是自杀。悲痛欲绝的父母飞往旧金山。在陈尸间里，他们惊愕地发现，他们的儿子只有一只胳膊和一条腿。

心理学感言

在生活中，做一个人很难，做一个充满人文关怀的人更难。众人皆醉你独醒，众人皆利你独义。你可能成就人的尊严和高贵，以行人所不易行之善来捍卫人性的光辉。但你肯定要付出很多很多。有时付出的会超过你所能得到的。这时,你只有自己咬牙挺住。你唯一的希望在于感化别人。

06 不要让那些琐碎的小事束缚手脚

当你心情不好的时候,为什么不出去走一走?也许和许多陌生人擦身而过,也许你会找到一点意外的温柔;当你心情不好的时候,为什么不让自己换个方式过活?也许听到许多不同的声音,也许你会得到一点意外的收获。曾经走过的,就不必再回头;曾经拥有的,也不必怕失落。抬头是星光灿烂的天空,脚下是各种方向的轨道,我们只是宇宙上打转的星球,在每个可能相遇的时候分手,在每个可能远离的时候回头。当你心情不好的时候,为什么不出去走一走?阳光的道路会越来越温暖你的心,使之被风吹得膨胀;当你心情不好的时候,为什么不让自己换个方式过活?狭窄的空间会越来越开阔你的心灵,使之得到舒展。

古时有一个妇人,特别喜欢为一些琐碎的小事生气。她也知道自己这样不好,便去求一位高僧为自己谈禅说道,开阔心胸。

高僧听了她的讲述,一言不发地把她领到一座禅房中,落锁而去。妇人气得跳脚大骂。骂了许久,高僧也不理会。妇人又开始哀求,高僧仍置若罔闻。妇人终于沉默了。高僧来到门外,问她:"你还生气吗?"妇人说:"我只为我自己生气,我怎么会到这地方来受这份罪。"

"连自己都不原谅的人怎么能心如止水?"高僧拂袖而去。

过了一会儿,高僧又问她:"还生气吗?"

"不生气了。"妇人说。

"为什么?"

"气也没有办法呀。"

"你的气并未消逝,还压在心里,爆发后将会更加剧烈。"高僧又离开了。

高僧第三次来到门前,妇人告诉他:"我不生气了,因为不值得气。"

"还知道值不值得,可见心中还有衡量,还是有气根。"高僧笑道。

当高僧的身影迎着夕阳立在门外时,妇人问高僧:"大师,什么是气?"

高僧将手中的茶水倾洒于地。妇人视之良久,顿悟。叩谢而去。

何苦要气? 气便是别人吐出而你却接到口里的那种东西,你吞下便会反胃,你不看他时,他便会消散了。气是用别人的过错来惩罚自己的蠢行。

夕阳如金,皎月如银,人生的幸福和快乐尚且享受不尽,哪里还有时间去气呢?

在古老的西藏有一个名叫爱地巴的人,每次生气和人起争执的时候,就用很快的速度跑回家去,绕着自己的房子和土地跑三圈,然后坐在田地边喘气。爱地巴工作非常勤劳努力,他的房子越来越大,土地也越来越广,但不管房地有多大,只要与人争论生气,他还是会绕着房子和土地绕三圈,爱地巴为何每次生气都绕着房子和土地绕三圈,所有认识他的人心里都起疑惑,但是不管怎么问他,爱地巴都不愿意说明。

直到有一天,爱地巴很老,他的房地已经非常广大,他又生气了,于是他挂着拐杖艰难的绕着土地跟房子走了三圈,等他好不容易走完,太阳都下山了,爱地巴独自坐在田边喘气,他的孙子在身边恳求他,"阿公,你已经年纪大了,这附近地区的人也没有人的土地比你更大,您不能在向从前,一生气就绕着土地跑啊,您可不可以告诉我这个秘密,为什么您一生气就要绕着土地跑上三圈?"

爱地巴禁不起孙子恳求,终于说出隐藏在心中多年的秘密,他说:"年轻时,我一和人吵架、争论、生气,就绕着房地跑三圈,边跑边想:'我的房子这么小,土地这么小,我哪有时间哪有资格去跟人家生气?'一想到这里,气就消了。于是就把所有时间用来努力工作。"

孙子又问:"阿公,你年纪这么大又变成最富有的人,为什么还要绕着房地跑?"

爱地巴笑着说:"我现在还是会生气,生气时绕着房地走三圈。边走边想:'我的房子这么大,土地这么多,我又何必跟人计较?'一想到这,气就消了。"

还有一位金代禅师,他非常喜爱兰花,在平日弘法讲经之余,花费了许多的时间栽种兰花。有一天,他要外出云游一段时间,临行前交待弟子:要好好照顾寺里的兰花。在这段期间,弟子们总是细心照顾兰花,但有一天在浇水时却不小心将兰花架碰倒了,所有的兰花盆都跌碎了,兰花散了满地。弟子们都因此非常恐慌,打算等师父回来后,向师父赔罪领罚。

金代禅师回来了,闻知此事,便召集弟子们,不但没有责怪,反而说道"我种兰花,一来是希望用来供佛,二来也是为了美化寺里环境,不是为了生气而种兰花的。"

金代禅师说得好,"不是为了生气而种兰花的。"而禅师之所以看得开,是因为他虽然喜欢兰花,但心中却无兰花这个障碍。因此,兰花的得失,并不影响他心中的喜怒。

心理学感言

在日常生活中,我们牵挂得太多,我们太在意得失,所以我们的情绪起伏,我们不快乐。在生气之际,我们如能多想想:"我不是为了生气而工作的。""我不是为了生气而教书的。""我不是为了生气而交朋友的。""我不是为了生气而作夫妻的。""我不是为了生气而生儿育女的。"那么我们会为我们烦恼的心情辟出另一番安详。

07　暂时的失意,只是前行路途中的点缀

任何事情都有两面,不必要被负面的失意处所捆绑,换个心情去享受眼前的一切。你会发现,不同的心情,会产生不同的乐趣。

男孩高兴地拿着一个大蛋卷冰淇淋,一边走一边吃,好不快活。忽然一个不小心,整个可口的冰淇淋掉到地上,散成一片。

男孩呆在那里不知所措,甚至也哭不出来,只是张大了眼睛看着一地的冰淇淋。

这时有个老太太走过来,对小男孩说:"好吧,既然你碰到这样坏的遭遇,脱下鞋子,我给你看一件有意思的事情。"

老太太说:"用脚踩冰淇淋,重重地踩,看冰淇淋从你脚趾缝隙中冒出来。"小男孩照着她的话做。

老太太高兴地笑:"我敢打赌,这里没有一个孩子尝过脚踩冰淇淋的滋味。现在跑回家去,把这有趣的经验告诉你妈妈,"她接着说,"要记住,不管遭遇什么,你总可以在其中找到乐趣。"

一个女青年毫无道理地被老板炒了鱿鱼。中午,她坐在单位喷泉旁边的一条长椅上黯然神伤,她感到她的生活失去了颜色,变得暗淡无光。这时她发现不远处一个小男孩站在她的身后咯咯地笑,她就好奇地问小男孩,"你笑什么呢?"

"这条长椅的椅背是早晨刚刚漆过的,我想看看你站起来时背是什么样子。"小男孩说话时一脸得意的神情。

女孩一怔,猛地想到:昔日那些刻薄的同事不正和这小家伙一样躲在我的身后想窥探我的失败和落魄吗?我决不能让他们的用心得逞,我决不能丢掉我的志气和尊严。

女青年想了想,指着前面对那个小男孩说,你看那里,那里有很多人在放风筝呢。等小男孩发觉到自己受骗而恼怒地转过脸时,女青年已经把外套脱了拿在手里,她身上穿的鹅黄的毛线衣让她看起来青春漂亮。小男孩甩甩手,嘟着嘴,失望地走了。

心理学感言

正面的思考常会帮助你克服困难。生活中的失意随处可见,真的就如那些油漆未干的椅背在不经意间让你苦恼不已。但是如果已经坐上了,也别沮丧,以一种"猝然临之而不惊,无故加之而不怒"的心态面对,脱掉你脆弱的外套,你会发现,新的生活才刚刚开始!

08 孝敬父母,千古相传的美德

永远不要漠视亲情,因为没有亲情的滋润,就没有眼下的你,你正是亲情存在的最好证明。漠视亲情,会让你成为一个怪物。

中国古代,有一位名叫周豫的读书人,有个朋友送了生猛海鲜给这位叫周豫的读书人,正是他最嗜吃的鳝鱼,刚巧这一天闲来无事,周豫一时技痒,便想亲自动手,试试自己久未展露的手艺,好好地将这些朋友送来的鳝鱼煮上一锅清炖鳝鱼汤来尝尝。

周豫将鱼放入锅中,只见那些鳝鱼仍自由自在地在锅子里游着,在锅子底下用小火缓缓加热,水温逐渐变高,鳝鱼在锅中丝毫未觉水温的变化,慢慢地就会被煮熟了,这就是周豫过人的厨艺所在。据说,用这方式煮熟的鳝鱼,因为不会经历被杀的过程,没有挣扎所以它的肉质也就不会紧绷,相对地口感自然好上许多。

随着那一锅汤慢慢煮沸了,周豫将锅盖掀起来看看,却发现了一个奇特的现象,锅中有一条鳝鱼的身体竟然向上弓起,只留头部跟尾巴在煮沸的汤水之中。这条身体弓起的鳝鱼,整个腹部都向上弯了起来,露出在沸汤之外,一直到死了,身体仍然保持弯起的形状而不倒下。

周豫看到这种情形,心中感到十分好奇,便立刻将这条形状奇特的鳝鱼捞出汤中,取了一把刀来,将鳝鱼弯起的腹部剖开来,想要看个清楚,它究竟是为何,需要如此辛苦地将腹部弯起。在剖开的鳝鱼腹中,周豫惊奇地发现,那里面竟藏着满满的鱼卵,数目之多,难以计算。

原来,这条母鳝鱼为了保护肚子里的众多鱼卵,情愿将自己的头尾浸入沸汤之中,直至死亡。护子心切而将腹部弯起,得以避开滚热的汤水。周豫看到这一幕,呆呆地不知在原地站了多久,泪水不自禁地潸潸流个不停,寻思鳝鱼犹舍命护子,自己对母亲,却仍于孝道有亏。周豫感慨之余,发誓终身不再吃鳝鱼,并对母亲加倍地尊敬与孝顺。

心理学感言

百善孝为先,孝顺父母亲是中国人的传统。如果一个男人对他母亲毫无爱心,不懂得应该去孝敬父母,谁能与他共同生活?一个连自己的父母都不知道去尊敬、去赡养、去关怀的男人,又能够对谁付出真心诚意呢?

09　冷静面对挫折,抑郁的日子终将过去

意外是生活中不可或缺的事,它来得是那么地突然,总是让人措手不及。面对生活的考验,惊慌失措者有之,砸碗摔盘者有之,骂人跳楼者有之,更多的人是在意外之前方寸大乱,胡乱匆忙地做出了一个选择。往往,这个选择使我们丧失了正确处理意外的时机,而面对意外,做一个深呼吸,能使自己平静下来,赢得找出正确解决方法的机会。

从前,在欠债不还便足以使人入狱的时代,有位商人,欠了一位放高利贷的债主一笔巨款。那个又老又丑的债主,看上商人青春美丽的女儿,便要求商人用女儿来抵债。

商人和女儿听到这个提议都十分恐慌。狡猾伪善的高利贷债主故作仁慈,建议这件事听从上天安排。他说,他将在空钱袋里放入一颗黑石子,一颗白石子,然后让商人女儿伸手摸出其一,如果她拣中的是黑石子,她就要成为他的妻子,商人的债务也不用还了;如果她拣中的是白石子,她不但可以回到父亲身边,债务也一笔勾销;但是,假如她拒绝探手一试,她父亲就要入狱。

虽然是不情愿,商人的女儿还是答应试一试。当时,他们正在花园中

铺满石子的小径上,协议之后,高利贷的债主随即弯腰拾起两颗小石子,放入袋中。敏锐的少女突然察觉:两颗小石子竟然全是黑的!

如果你是那个不幸的少女,你要怎么办?

故事的女孩不发一语,冷静的伸手探入袋中,漫不经心似的,眼睛看着别处,摸出一颗石子。突然,手一松,石子便顺势滚落到路上的石子堆里,分辨不出是哪一颗了。"噢!看我笨手笨脚的,"女孩说道,"不过,没关系,现在只需看看袋子里剩下的这颗石子是什么颜色,就可以知道我刚才选的那一颗是黑是白了。"

当然,袋子剩下的石子一定是黑的,恶债主既然不能承认自己的诡诈,也就只好承认她选中的是白石子。

心理学感言

善与恶、欢乐与痛苦、得与失、成功与失败……都是孪生姐妹,转换只在一念之间。就如同棋一样,一招得手,攻城掠地,一步走错,丢城失地。在我们漫长的人生旅途上,它们与我们总是形影不离,如影随形。阳光总在风雨后,当我们面对命运的考验时,不妨向故事中的那位姑娘学习,以冷静的心态,随机应变,把最危险的危机变成最有利的事情。

10　爱因为无私而圣洁

爱情的快乐就在于爱,并且,人体验这种激情比激发这种激情要更幸福。无论爱情多么令人愉快,它还是更多地依靠展示它的方式而非它本身来愉悦人。有个年轻美丽的女孩,出身豪门,家产丰厚,又多才多艺,日子过得很好,媒婆也快把她家的门槛给踩烂了,但她一直不想结婚,因为她觉得还没见到她真正想要嫁的那个男孩。

直到有一天,她去一个庙会散心,于万千拥挤的人群中,看见了一个年轻的男人,不用多说什么,反正女孩觉得那个男人就是她苦苦等待的结果了。可惜,庙会太挤了,她无法走到那个男人的身边,就这样眼睁睁地看着那个男人消失在人群中。后来的两年里,女孩四处去寻找那个男人,但这人就像蒸发了一样,无影无踪。女孩每天都向佛祖祈祷,希望能再见到那个男人。她的诚心打动了佛祖,佛祖显灵了。

佛祖说:"你想再看到那个男人吗?"

女孩说:"是的,我只想再看他一眼!"

佛祖:"你要放弃你现在的一切,包括爱你的家人和幸福的生活。"

女孩:"我能放弃!"佛祖:"你还必须修炼五年道行,才能见他一面。你不后悔?"

女孩:"我不后悔!"女孩变成了一块大石头,躺在荒郊野外,四年多的风吹日晒,苦不堪言,但女孩都觉得没什么,难受的是这四年都没看到一个人,看不见一点点希望,这让她都快崩溃了。最后一年,一个采石队来了,看中了她的巨大,把她凿成一块巨大的条石,运进了城里,他们正在建一座石桥,于是,女孩变成了石桥的护栏。就在石桥建成的第一天,女孩就看见了,那个她等了五年的男人!他行色匆匆,像有什么急事,很快地从石桥的正中走过了,当然,他不会发觉有一块石头正目不转睛地望着他。男人又一次消失了。

再次出现的是佛祖。佛祖:"你满意了吗?"

女孩:"不!为什么?为什么我只是桥的护栏?如果我被铺在桥的正中,我就能碰到他了,我就能摸他一下!"

佛祖:"你想摸他一下？那你还得修炼五年！"

女孩:"我愿意！"

佛祖:"你吃了这么多苦,不后悔？"

女孩:"不后悔！"女孩变成了一棵大树,立在一条人来人往的官道上,这里每天都有很多人经过,女孩每天都在近处观望,但这更难受,因为无数次满怀希望的看见一个人走来,又无数次希望破灭。不是有前五年的修炼,相信女孩早就崩溃了！日子一天天地过去,女孩的心逐渐平静了,她知道,不到最后一天,他是不会出现的。又是一个五年啊！最后一天,女孩知道他会来了,但她的心中竟然不再激动。来了！他来了！他还是穿着他最喜欢的白色长衫,脸还是那么俊美,女孩痴痴地望着他。这次,他没有急匆匆地走过,因为,天太热了。他注意到路边有一棵大树,那浓密的树荫很诱人,休息一下吧,他这样想。他走到大树脚下,靠着树根,微微的闭上了双眼,他睡了。女孩摸到他了！他就靠在她的身边！但是,她无法告诉他,这多年的相思。她只有尽力把树荫聚集起来,为他挡住毒辣的阳光。多年的柔情啊！男人只是小睡了一刻,因为他还有事要办,他站起身来,拍拍长衫上的灰尘,在动身的前一刻,他回头看了看这棵大树,又微微地抚摸了一下树干,大概是为了感谢大树为他带来清凉吧。然后,他头也不回地走了！

就在他消失在她的视线的那一刻,佛祖又出现了。

佛祖:"你是不是还想做他的妻子？那你还得修炼。"

女孩平静地打断了佛祖的话:"我是很想,但是不必了。"

佛祖:"哦？"女孩:"这样已经很好了,爱他,并不一定要做他的妻子。"

佛祖:"哦！"

女孩:"他现在的妻子也像我这样受过苦吗?"

佛祖微微地点点头。

女孩微微一笑,"我也能做到的,但是不必了。"

就在这一刻,女孩发现佛祖微微地叹了一口气,或者是说,佛祖轻轻地松了一口气。女孩有几分诧异,"佛祖也有心事?"

佛祖的脸上绽开了一个笑容:因为这样很好,有个男孩可以少等十年了,他为了能够看你一眼,已经修炼了二十年。"

心理学感言

爱情和火焰一样,没有不断地运动就不能继续存在,一旦它停止希望和害怕,它的生命也就停止了。在爱情衰老时就像在生命衰老时一样,我们还继续活着是因为痛苦,而不再是为欢乐。让爱情不至于过速死亡的办法之一就是:慢慢给予,有节制地给予。

11 爱是相互的,自私和占有只能扼杀爱的美丽

我们不是别人的复制品,我们就是我们自己,是一个自然而然的结果。即使有一天我们变得高贵而有钱,我们也还是自己。人最大的悲哀就是身陷别人给自己设定的方式,顺从地度过自己的一生。

有一个国王在打猎时坠落山谷,正当他陷入绝望时,有一只巨大的神龙出现。神龙告诉国王,如果想获得它的帮助,就必须回答一个全世界最困难的问题。

神龙发问:"女人究竟真正要什么?"

国王被问倒了，于是想出缓兵之计。

国王说："神龙可否先救我，我将灵魂抵押给你，让我回到王宫寻求答案，七日后我会带着答案再来找你。"

神龙说："可以，不过如果七日后你不信守承诺，你就会因失魂落魄而死。"

国王回到宫中将经历告知内阁大臣及国策顾问，结果大家都想不出答案而愁眉苦脸。

眼看日子一天天过去，期限只剩两天了。一位国王的马夫说：城南有一位巫婆知识渊博，他应该知道答案。于是英俊潇洒的侍卫长立刻骑快马将巫婆请到宫中。

巫婆到宫中后，国王将经历与神龙的问题告知巫婆。

巫婆说："答案我是知道的，国王的命我也能救，不过我有交换条件：那就是要陛下的侍卫长在事成后娶我为妻。"

国王毫不考虑一口就替侍卫长答应了并立下诏书为凭。

巫婆说答案是："女人真正要的，是能由自己决定主宰她自己的生活方式。"

国王告诉侍卫长关于巫婆的要求，侍卫长差点昏倒，但为了国王的性命，只能愁眉苦脸且无奈地接受事实。

国王带着答案去找神龙要赎回自己的灵魂，神龙听到标准答案后，称赞国王是全世界最聪明的男人，也依约将国王的灵魂还给国王。

一行人回到宫中后即开始筹备侍卫长与巫婆的婚礼（婚纱，喜饼，菜色等事宜）。

婚礼当天，鸡皮鹤发的新娘配上年轻英俊的侍卫长，喜宴上巫婆吃相难看不打紧，还边吃边大声放屁，不时发出不雅的笑声。侍卫长为了国家牺牲自我，男人的威严一点都不敢在喜宴中发作。好不容易熬到入洞房的时刻，当巫婆换下礼服，从淋浴间出来时，侍卫长不敢相信他的眼睛，因为走出来的是一个超级漂亮且性感十足的美女。

她对侍卫长说："因为你信守承诺，没有对我发怒，容忍我在喜宴中放肆丢你的人，我决定往后每一天中有十二小时变成超级温柔美女陪伴你，但是你可以决定我固定在白天变美女还是晚上变美女，而且选完就不能改变心意。"年轻英俊的侍卫长顿时陷入两难的局面。因为他不知应该选择白天带一位绝世美女出门向朋友炫耀，让众人羡慕，而晚间要和一位鸡皮鹤发的巫婆同床共枕（要面子牺牲里子），还是白天让众人对老巫婆指指点点，嘲笑侍卫长的可怜，而晚上他可以和超级美女夜夜春宵（牺牲面子要里子）。

想了半天，年轻英俊的侍卫长最后向巫婆说："你自己决定何时要扮演你喜欢的角色就可以了，我不干涉你的生活方式。"巫婆听了很高兴，对年轻英俊的侍卫长说："由于你的包容与智慧，我决定每天二十四小时变成一个有教养的超级性感温柔美女陪伴你照顾你。"

侍卫长突然惊讶地发觉：原来幸福竟然如此意外地降临在他身上。国王、侍卫长、巫婆最后皆大欢喜，朝中的大臣都目瞪口呆。

心理学感言

即使用爱来主宰别人的生活方式，也是一种不道德。爱情之道，在于自由之后两个人的相互吸引，而不是一个人变成笼子，另一个变成鸟，这样的爱情只配给一个老人无聊时提着，脱离了生活的原来旨趣。

12　用平静的心,面对喧嚣的世界

心平静下来,才能与自身处境保持一定的距离、取得审视的视角。心平静下来,才会赫然发现自己究竟会干什么,能干什么,才会更加深刻地、冷静地认清自己。

一个城市里的有钱人,到乡下收田租,到了佃农的谷仓,有钱人东看看,西看看,不知何时把心爱的怀表弄丢了。有钱人心急如焚,佃农也不知如何是好,只好去把村里所有人找来搜找怀表。翻遍谷仓,但是怀表依然不见踪影。

天色渐渐晚了,有钱人一脸失望的神情,村里的人也一个个回家去了,但是有个人留了下来。"我有把握找到你心爱的怀表。"这人告诉有钱人,信心十足。

"好吧!那就麻烦你,找到了我会奖赏于你的。"

只见这个人再走进谷仓,找定位置后,静静地坐了下来。一切都安静了,悄然无声,但是有个小小的声音从谷仓的右后方角落传来。"滴答,滴答,滴答……"

这人轻轻的像猫一样,踏着几乎无声的脚步,寻声走向右后方角落去。到了附近,这人伏身下来,耳朵贴地,在一堆稻草中找到了怀表,走出谷仓,露出得意的微笑,朝有钱人走去。

心理学感言

人生会遭遇许多事,其中很多是难以解决的,这时心中被盘根错节的烦恼纠缠住,茫茫然不知如何面对? 如果能静下心来思考,往往会恍然大悟。心静则一切豁然开朗。

13　生活的真谛是顺其自然

遵循规律顺其自然,利用缘分才能创造幸福;违背规律生拉硬扯,就会事与愿违。

三伏天,禅院的青草地枯黄了一片。

"快撒点草籽吧! 好难看哪!"小和尚说。

"等天凉了。"师父挥挥手,"随时!"

中秋,师父买了一包草籽,叫小和尚去播种。

秋风起,草籽边撒边飘。

"不好了! 好多草籽都被风吹飞了。"小和尚喊。

"没关系,吹走的多半是空的,撒下去也发不了芽。"师父说,"随性!"

撒完草籽,跟着就飞来几只小鸟啄食。

"要命了! 草籽都被鸟吃了!"小和尚急得直跺脚。

"没关系! 草籽多,吃不完!"师父说,"随遇!"

半夜一阵骤雨,一大早小和尚冲进禅房,"师父! 这下真完了! 好多草籽被雨冲走了!""冲到哪儿,就在哪儿发芽!"师父说,"随缘!"

半个多月过去。

原本荒凉的地面居然长出许多青翠的小草,一些原来没播种的角落也泛出了绿意。

有心栽花花不红,无意插柳柳成荫。凡事不追求不行。但不可过分刻意追求,刻意追求,常常适得其反。顺其自然,随缘适性才是人生的妙处。

14 筑起理智的长堤,抗击人生的风雨

冷静会使人更有智慧,遇到什么事,保持冷静,才会把事情办得有条有理,才会有好的结果。

从前有个又穷又愚的人,在一夕之间突然富了起来。但是有了钱,他却不知道如何来处理这些钱。

他向一位和尚诉苦,这位和尚便开导他说:"你一向贫穷,没有智慧,现在有了钱,不贫穷了,可是依然没有智慧。劝你进城里去,那里大智慧的人不少,你出百把两银子,别人就会教你智慧之法。"

那人去了城里,逢人就问哪里有智慧可买。

有位哲人告诉他:"你倘若遇到疑难的事,且不要急着处理,可先朝前走七步,然后再后退七步,这样进退三次,智慧便来了。"

"'智慧'就这么简单吗?"那人听了将信将疑。当天夜里回家,推门进屋,昏暗中发现妻子居然与人同眠,顿时怒起,拔出刀来便要砍下。

这时,他忽然想起白天买来的智慧,心想:何不试试?

于是,他前进七步,后退七步,又前进七步,然后,点亮了灯光再看时,竟然发现那与妻子同眠者原来是自己的母亲。

任由头脑发热，怒火燃烧，失去理智，意气用事。常会害人害己，将人生置于不可追悔的地步，冷静处事，其结果就截然不同了。

15　笑对寂寥和空虚

走向成功的过程中，有企盼、有痛苦、有挣扎、有冒险，自信是战胜它们的生力军，没有积极的生活态度就没有成功。

一个年轻女人，丈夫奉命到沙漠腹地参加军事学习。塞尔玛孤零零一个人留守在一间集装箱一样的铁皮小屋里，炎热难耐，周围只有墨西哥人与印第安人。他们不懂英语，无法进行交流。她寂寞无助，烦躁不安，于是写信给她的父母，想离开这鬼地方。父亲的回信只写了几行字："两个人同时从牢房的铁窗口望出去，一个人看到泥土，一个人看到了繁星。"开始她没有读懂其中含义，反复几遍后，才感到无比的惭愧，决定洗心革面留下来在沙漠中去寻找自己的"繁星"。她一改往日的消沉，积极地面对人生。她与当地人广交朋友，学习他们的语言。她付出了热情，人们也回报予她热情。她非常喜爱当地的陶器与纺织品，于是人们便将舍不得卖给游客的陶器、纺织品送给她作礼物。她很受感动。她的求知欲望与日俱增。她十分投入地研究了让人痴迷的仙人掌和许多沙漠植物的生长情况，还掌握了有关土拨鼠的生活习性，观赏沙漠的日出日落，并饶有兴致地寻找海螺壳……沙漠没有变、当地的居民没有变，只是她的人生视角变了。一念之差使她变成了另外一个人。原先的痛苦与沉寂没有了，代之以积极的冒险与进取。她为自己的新发现而激动不已。她于是拿起了笔,一本名为《快乐的城堡》的书两年后出版了。她最终经过自己的努力看到了"繁星"。

自信是一个人通向成功的前提。有了自信,就有了勇气和热情,就有了无穷无尽的力量,自信是迈向成功的大门。

16 努力争取,才能找到生活的意义

也许生活是有缺陷,但生活的意义却是给人们同样的机会,有信心和勇气去争取,就会找到生活的意义。

乔治·康贝尔诞生时就双目失明。"他患的是双眼先天性白内障。"医生说。乔治的父亲望着医生,不相信他的话:"难道你就束手无策了吗?手术也无济于事了吗?"医生摇摇头:"直到现在,我们还没有听说过治疗这种病的方法。"乔治不能看见东西,但是他的双亲的爱和信心,使他的生活过得很丰富。作为一个小孩,他还不知道失去的是什么。乔治6岁时,一天下午,他正在同另一个孩子玩耍。那个孩子忘了乔治是瞎子,抛一个球给他:"当心! 球要击中你了!"这个球确实是击中了康贝尔。此后在他的一生中再没有发生过那样的事了。乔治虽没有受伤,但觉得极为迷惑不解。后来他问母亲:"比尔怎么在我之前先知道我将要发生的事?"他母亲叹了一口气,因为她所害怕的事终于发生了,现在她有必要第一次告诉她的儿子:"你是瞎子。""乔治,坐下。"她母亲温柔地说道,同时伸过

手去抓住他的一只手,"我不可能向你解释清楚,你也不可能理解得清楚,但是让我努力用这种方式来解释这件事。"她同情地把他的一只小手握在手中,开始计算手指头。

"1－2－3－4－5。因为这些手指头代表着人的五种感觉。"她讲道,同时用她的大拇指和食指顺次捏着孩子的每个手指。"这个手指表示听觉,这个手指表示触觉,这个手指表示嗅觉,这个手指表示味觉。"然后她犹豫了一下,又继续说:"这个手指表示视觉。这五种感觉中的每一种都能把外物传送到你的大脑。"她把那表示视觉的手指弯起来,按住,使它处在乔治的手心里。"乔治,你和别的孩子不同,"他说,"因为你仅仅用了四种感觉,但是,你并没有用你的视觉。现在我要给你一样东西。你站起来。"

乔治站起来了。母亲拾起他的球。"现在,伸出你的手,就像你将抓住这个球。"她说。乔治伸出了他的一双手,一会儿,手接触到了球,他就把手指合拢,抓住了球。

"好,好。"他母亲说。"我要你决不忘记你刚才所做的事,乔治,你能用四个而不用五个手指抓住球。如果你由那里入门,并不断努力,你也能用四种感觉代替五种感觉,抓住丰富而幸福的生活。"

乔治的母亲用了一个生动的比喻,她用简单的数字来说明问题,确实是使两个人的思想交流得最快、最有效的方法之一。

乔治绝不会忘记"用四个手指代替五个手指"的信条。这对人生来说意味着希望。每当他由于生理的障碍而感到沮丧的时候,他就用这个信条作为自己的座右铭,激励自己。他发觉母亲是对的。如果他能应用他所有的四种感觉,他确实能抓住完美的生活。

缺陷是让人遗憾的,但这不是我们不奋斗的借口,更不是不成功的必然因素。没有缺陷、天赋极好的人,如果生下时就严密封闭,不接触任何外部事物,那么,他到最终也会和傻子一样。可见后天奋斗的重要性。只要我们努力去争取,就能找到生活的意义。

17　真诚待人才能得到重视

从来没有天上掉馅饼的好事,也没有白捡的好处,就在弯腰拾取的时候,陷阱也张开了大口。

雅利安公司是一家外资企业,更确切地说,是美国环球广告代理公司中国办事处。因为业务需要,雅利安公司正准备招聘四名中国高级职员,担任业务部、发展部主任助理,待遇自不必言。竞争是激烈的,凭着良好的资历和优秀的考试成绩,一个年轻人荣幸地成为十名复试者中的一员。雅利安公司的人事部主任戴维先生告诉年轻人,复试主要是由贝克先生主持。贝克先生是全球闻名的大企业家,从一个报童到美国最大的广告代理公司董事长、总经理,他的经历充满了传奇色彩。并且,他年龄并不很大,据说只有四十岁上下。听到这个消息,年轻人非常紧张,一连几天,从英语口语、广告业务及穿戴方面都做了精心准备,以便顺利"推销自己"。

考试是单独面试。年轻人一走进小会客厅,坐在正中沙发上的一个外国人站起来,年轻人认出来正是贝克先生。

92

"是你?! 你是……"贝克先生用流利的中文说出了年轻人的名字,并且快步走到年轻人面前,紧紧握住了他的双手。

"原来是你! 我找你找了很长时间了。"贝克先生一脸的惊喜,激动地转过身对在座的另几位老外嚷道:"先生们,向你们介绍一下,这位就是救我女儿的那位年轻人。"

年轻人的心狂跳起来,还没容得年轻人说话,贝克先生把年轻人一把拉到他旁边的沙发上坐下,说道:"真抱歉,当时我只顾看女儿了,也没来得及向你道谢。"

年轻人竭力抑制住心跳,抿抿发干的双唇,说道:"很抱歉,贝克先生。我以前从未见过您,更没救过您女儿。"

贝克先生又一把拉住年轻人:"你忘记了? 4 月 2 日,昆明湖公园……肯定是你! 我记得你脸上有块痣。年轻人,你骗不了我的。"贝克先生一脸的得意。

年轻人站起来:"贝克先生,我想您肯定弄错了。我没有救过您女儿。"

年轻人说得很坚决,贝克先生一时愣住了。忽然,他又笑了:"年轻人,我很欣赏你的诚实。我决定:免试了。"

几天后,年轻人幸运地成了雅利安公司职员。有一次,年轻人和戴维先生闲聊,年轻人问戴维:"救贝克先生女儿的那位年轻人找到了吗?"

"贝克先生的女儿?"戴维先生一时没反应过来,接着他大笑起来:"他女儿? 有七个人因为他女儿被淘汰了。其实,贝克先生根本没有女儿。"

要让他人重视自己,信任自己,就必须自己能诚实。骗人,会失去朋友,甚至失去亲人;会失去援助、失去机会、失去生活的乐趣和人生应有的意义。

18　名誉,是取之不竭的财富

好的名誉是财富,它是金钱所买不到的。

美国印第安纳州阿历山德亚市的比尔先生喜得贵子,几天后却又愁眉不展。原来,比尔和妻子葛莉亚都是教师,住的是租来的一间小阁楼,以前尚能维持,现在有了孩子再也不能凑合了。比尔决定自己盖房子,可哪来的地呢?再说买地也需要一大笔钱啊!

经过寻访,比尔看中了城南的一块放牧地。地是属于 92 岁的退休银行家尤先生的,他在那里还有许多土地,但从不出售。每次有人想向他买地时,他总是回答说:"我答应那些农夫让他们来这里放牛。"比尔知道要买这地很难,但还是决定碰碰运气。比尔来到尤先生的办公室,一切如想象中的一样,尤先生非常固执。但尤先生听到比尔姓盖瑟后,睁大了双眼,突然问了一句:你跟格罗弗·盖瑟可有联系?比尔说,他是我祖父。

尤先生让比尔第二天再去他的办公室。

第二天,事情出现了戏剧性的变化:尤先生不但态度非常和善,而且把城南 6 公顷土地全卖给了比尔,并且只卖 7500 美元,仅仅是市价的 1/3。原因只有一个,比尔的祖父老盖瑟,在当地是一个人所共知的乐于助人、待人和善、正直不阿的农夫。

19 不经历忧患,就不懂得安乐的价值

有一个国王和一个波斯奴隶同坐一船。那奴隶从来没有见过海洋,也没有尝过坐船的苦。他一路哭哭啼啼,战栗不已。大家百般安慰他,他仍继续哭闹。

国王被他扰得不能安静,大家始终想不出办法来。船上有一位哲学家说道:"您若许我一试,我可以使他安静下来。"

国王说道:"这真是功德无量。"

哲学家立刻叫人把那奴隶抛到海里去,他沉浮了几次,人们才抓住他的头发把他拖到船边。他连忙双手紧紧地抱着船舵,人们才把他拖到船上。他上船以后,坐在一个角落里,不再做声。

国王很是赞许,便开口问道:"你这方法,奥妙何在?"

哲学家说:"原先他不知道灭顶的痛苦,便想不到稳坐船上的可贵。大凡一个人总要经历过忧患才会知道安乐的价值。"

心理学感言

没有尝过苦,就不知道甜的意义;没有经历过失去,就不会懂得珍惜;没有体验过忧患的痛苦,就不知道安乐的幸福。那些经常哭哭啼啼的人,

95

往往是自己生活在自我营造的苦难氛围中。只有从那样阴暗的心境中走出来，让内心洒满阳光，才会真正体会到生命的乐趣。

- -

20　面对生活的苦乐，要坦然处之

没尝到苦的人就不知甜从何处来。

有一个10岁左右的男孩，他不喜欢父亲常叫他帮忙做家务，也讨厌老师要他上课读书，每一天都浑浑噩噩地过着自己的生活。

一天，他走到森林里面，遍地绿草野花，让他非常舒服，于是躺下来休息。忽然，一位美丽的仙女出现，对他说："我送给你一件非常奇特的礼物吧！"

男孩兴奋地问："是什么东西呀？"

仙女拿出一个圆形的银盒，笑着对他说："这是一个奇妙的宝盒。它有着奇妙的能力！这里面有一条金丝代表时间，当你觉得不快乐时，只要把金丝抽一下，不快乐的时光便会立即溜走。不过，你不能把金丝再拉回去，如果你这样做，便会死去；当你把金丝全部抽完，你也会死去。除此之外，你千万不能给其他人看见这宝物，否则你也会死去。"

他非常高兴。"非常谢谢你！我会好好保管和使用它的！"说完便从仙女手中接过银盒金丝，小心翼翼地收入怀里，他害怕给别人看见，但是这个宝物是否真那么神奇，他心里迫不及待要试用它。

第二天下午，刚上课一会儿，男孩已经想回家了，可是老师仍然说个不停，看情况可能要多留一小时左右。男孩觉得无聊极了，于是偷偷地伸手入怀里，轻轻地抽出一小段金丝。神奇的事情发生，老师突然让他们收拾书本,可以下课回家。男孩非常高兴,第一个冲出课堂,一蹦一跳地回家玩耍去。

从那天开始,每当男孩遇到不愉快的事情时,都会把金丝轻轻一抽,不愉快的事便会在一刹那消失。

一天,男孩忽然想:"为什么我要到学校上课啊?我想立即长大,像其他大人一样去工作赚钱。"于是男孩把金丝抽出比平时要长的一段,小孩立即变成年轻力壮的人。他到一间工厂去做木工,有了收入,更可以自由自在地玩了。不幸的是他们的国家和别国开战,男孩被征召去当兵。他非常害怕会战死沙场。

"战争是多么的残酷无情啊!咦——我可以用我的宝贝来使战争结束。"于是他又把金丝抽出长长的一段。

战争过后一段时间,他结婚了,一年之后,他的第一个儿子出生,但不久就生病,无法入睡。他见儿子如此痛苦,爱子心切,又把银盒内的金丝轻轻一抽,儿子马上康复了。

有一天,他的妻子生病了,十分痛苦。他想再把金丝抽出一点,却担忧自己会因金丝被全部抽出而死去。他犹豫着,但他实在不忍心看妻子受苦,最终还是小心地把金丝抽出了一点,他的妻子便康复了,但他的母亲却更加衰老了。

又没过多久,他的母亲因为年老体弱,得了重病,他想起了自己的金丝,心想抽出一段,母亲便可像儿子和妻子一样复原过来。可是当他用手一抽,母亲便把眼睛闭上,永远不再张开了。

母亲的逝世给他很大的打击。他非常困扰和痛苦。

"为什么生命是如此短促、冷酷无情?我的母亲一下子就离我而去,妻子也一天比一天衰老!"

都市心灵疗愈课

他想要静下来，于是返回从前那个森林，发现一切景致和初次来访时几乎一模一样。不过他现在也年老力衰，没走多久便觉疲倦，于是坐下来休息，不一会儿就睡着了。

就在这个时候，那位送他银盒金丝的仙女突然出现，她问他：

"这个法宝是不是很好用呢？"他回答："你还说它好用！它把我害惨了。"

仙女有些不高兴地说："你这个不知感恩的人，我给你天下最好的宝物，你却一点也不欣赏它、珍惜它！"

他说："我的母亲死了，妻子也老了。你还说不是在害我！"

仙女见他一脸的痛苦，慢慢地恢复了平静，和蔼地对他说："我想这样好了，你把银盒金丝还给我，我答应帮你完成一个心愿好不好？"

他毫不犹豫地说："好！我希望能回到当初第一次遇见你的时候，银盒金丝我不要了。"

仙女点头微笑着，把银盒金丝收回来。

这时，他醒了，睁开眼，发现自己正睡在自己的床上，"原来是场噩梦！怎么感觉这么真实！不过，幸好是梦。我以后一定会好好珍惜生命的时光，我不要因痛苦，就把生命时光抛弃！"

心理学感言

没有尝过痛苦的人，就不会知道什么是快乐。饱尝痛苦，才会知道创造快乐、珍惜快乐。先有苦然后有乐。乐从苦中来。

21　弹性的生活方式,释放压力的良药

加拿大魁北克有一条南北走向的山谷。山谷没有什么特别之处,惟一能引人注意的是它的西坡长满松、柏、女贞等树,而东坡却只有雪松。

这一奇异景色之谜,许多人不知所以,然而揭开这个谜的,竟是一对夫妇。

那是 1993 年的冬天,这对夫妇的婚姻正濒于破裂的边缘,为了找回昔日的爱情,他们打算做一次浪漫之旅,如果能找回就继续生活,否则就友好分手。他们来到这个山谷的时候,下起了大雪,他们支起帐篷,望着满天飞舞的大雪,发现由于特殊的风向,东坡的雪总比西坡的大且密。不一会儿,雪松上就落了厚厚的一层雪。不过当雪积到一定程度,雪松那富有弹性的枝丫就会向下弯曲,直到雪从枝上滑落。这样反复地积,反复地积,反复地弯,反复地落,雪松完好无损。可其他的树,却因没有这个本领,树枝被压断了。

妻子发现了这一景观,对丈夫说:"东坡肯定也长过杂树,只是不会弯曲才被大雪摧毁了。"

少顷,两人突然明白了什么,拥抱在一起。

心理学感言

每个让都会承受来自生活的各种压力,这样的压力如果不能及时得到释放,就会越积越多,最终将整个让压垮。这时候,我们需要象雪松那样弯下身来。释下重负,才能够重新挺立,避免压断的结局。弯曲,并不是低头或失败,而是一种弹性的生存方式,是一种生活的艺术。

22 享受爱,是对爱的回报

爱和关怀是无法饱和的,我们要谦虚地接受而不是粗鲁地拒绝。那种自认为已经满足的人,会失去许多拥有它的机会。

大部分的人是在当爸爸以后才学会当爸爸,他却是在父亲过世以后才学会当儿子的。

那些年,他忙于事业。深夜回家,悄悄推开家门,退休的父亲总等在客厅。

他捻亮客厅的灯,老父站起身来:"回来啦。饿不饿? 要不要我替你下一碗牛肉面?"

晚归已是莫大的罪恶,怎忍心在半夜劳烦老父为他操刀弄碗的? 他每每忙不迭地回上一句:"我不饿,我不饿!"接过儿子善意的拒绝,父亲站起身来,步履蹒跚地走回卧室。

那是他们父子一天中唯一能相见的时光。他赶早出门时,父亲犹在梦中;待到他拖着疲惫的身子回家时,等候的父亲也已准备进入梦乡。

他们的对话一直只是那些:"饿不饿?"

"我不饿,我不饿。""饿不饿?"

"我不饿,我不饿。"

后来他上船工作,几年后他跻身为大副,已经考上船长执照,就等这趟航行结束后接掌真正属于他的船只。然后他收到电报——父亲病逝。

船还在海上,他还得等上十五天,才能靠港上岸。以秒计数的十五天,以刹那计数的十五天,父子相处的片段,一幕一幕在脑中重现。

"饿不饿?"

"我不饿!"

如果放下自以为是的体贴,想想父亲苦候的心情呢?

如果把"我不饿"改成"我饿了",这一天中难得的父子对话就不会只剩一个寂寥的句号,孤单地随着父亲走进卧室的身影结束。

如果是"我饿了",那么……

老父亲会很高兴地走进厨房,卷起袖口下一碗热腾腾的牛肉面。

他会坐在父亲面前,隔着面碗蒸腾的雾气,让父亲看见他吃面的馋相。

他们会有一段短短的对话,父亲会因此知道他今日的种种,他也会因此知道父亲的。

他可以说:"谢谢爸爸,牛肉面很好吃!"父亲会觉得这一天的结束很满足。然而没有,这一切从来不曾在现实发生。

他只说过:"我不饿!"这个体贴的惊叹号结束了一切温暖的可能。父亲期待的午夜牛肉面从来没煮成,因为儿子自以为是的孝心。

这碗牛肉面变成了空中牛肉面,与父亲失望踅回卧室的身影一起在大脑存盘。

他十五天后下了船。抛下船长执照,放弃人人艳羡的高薪,回到陆地工作。他失去父亲。仁慈的上帝给了他赎罪的机会。他还有母亲。

心理学感言

快节奏、辛苦劳累的生活磨砺了我们,同时也给我们的思维设置了一个无形的栅栏,往往使我们的思维不再鲜活有趣,在爱的表达上,我们也容易墨守成规、自以为是,却不知很多幸福的时刻就在不知不觉中慢慢远离了。

23　曾经的理所当然,其实是认识上的误区

　　每一个日子都可能是最后的日子,我们要以敏锐的心过每一天,更要用心地看看这个世界,用心看看自己,不要把每一件事都视为是理所当然,因为所有的事情都会改变,且看你如何去衡量他。人与人之间往往拒绝多于接受。过多的戒备与冷漠,使这个世界枯燥而又沉闷,从此,真诚也成为卑鄙。

　　在一个偏远、封闭的小镇只能听到两个电台:第一电台专门广播名人消息、callin 节目,或是热门歌曲排行榜,它的收听率相当高;第二电台则是气象专业电台,它的听众只有一小群人。一天晚上,气象电台发出紧急警告:一个威力惊人的"龙卷风"将在午夜来袭本镇,电台呼吁镇民立即疏散他处。这一小群听众立刻组织起来,有的去找镇长,有的到街上敲锣打鼓,有的打电话给第一电台,请求播出龙卷风消息,好保存身家性命。镇长说:"本镇从未有过龙卷风,龙卷风的消息是气象电台误报或捏造,为的是提高收听率。"敲锣打鼓的人则视为疯子。而第一电台则以现场正在访问名人为由,不肯插播这一条"生死存亡"的消息。小镇被夷为平地,后来者没有人知道这块地曾经是一个小镇。

心理学感言

　　有一种懒惰很可怕,那就是思想的懒惰:不愿自己思考,把盲从他人

当成自己的捷径。这样的做法做法只会把自己带进误区，一旦遇到危险，只能是一起遭殃。

_ _

24　家庭教育,不可等闲视之

小过小恶会酿成大错,对孩子的忽视就是对未来的忽视。十年树木百年树人,孩子就是你生活态度的翻版。

一个人一生中最早受到的教育来自家庭,来自母亲对孩子的早期教育。美国一位著名心理学家为了研究母亲对人一生的影响,在全美选出50 位成功人士,他们都在各自的行业中获得了卓越的成就,同时又选出50 位有犯罪纪录的人,分别去信给他们,请他们谈谈母亲对他们的影响。有两封回信给他的印象最深。一封来自白宫一位著名人士,一封来自监狱一位服刑的犯人。他们谈的都是同一件事:小时候母亲给他们分苹果。

那位来自监狱的犯人在信中这样写道:小时候,有一天妈妈拿来几个苹果,红红的,大小各不同。我一眼就看见中间的一个又红又大,十分喜欢,非常想要。这时,妈妈把苹果放在桌上,问我和弟弟:你们想要哪个?我刚想说想要最大最红的一个,这时弟弟抢先说出我想说的话。妈妈听了,瞪了他一眼,责备他说:好孩子要学会把好东西让给别人,不能总想着自己。

于是,我灵机一动,改口说:“妈妈,我想要那个最小的,把大的留给弟弟吧。”

妈妈听了,非常高兴,在我的脸上亲了一下,并把那个又红又大的苹果奖励给我。我得到了我想要的东西,从此,我学会了说谎。以后,我又

都市心灵疗愈课

学会了打架、偷、抢，为了得到想要得到的东西，我不择手段。直到现在，我被送进监狱。

那位来自白宫的著名人士是这样写的：小时候，有一天妈妈拿来几个苹果，红红的，大小各不同。我和弟弟们都争着要大的，妈妈把那个最大最红的苹果举在手中，对我们说："这个苹果最大最红最好吃，谁都想要得到它。很好，现在，让我们来做个比赛，我把门前的草坪分成三块，你们三人一人一块，负责修剪好，谁干得最快最好，谁就有权得到它！"

我们三人比赛除草，结果，我赢了那个最大的苹果。

我非常感谢母亲，她让我明白一个最简单也最重要的道理：想要得到最好的，就必须努力争第一。她一直都是这样教育我们，也是这样做的。在我们家里，你想要什么好东西要通过比赛来赢得，这很公平，你想要什么，想要多少，就必须为此付出多少努力和代价！

心理学感言

推动摇篮的手，就是推动世界的手。母亲是孩子的第一任教师，你可以教他说第一句谎话，也可以教他做一个诚实的永远努力争第一的人。

第四章

在进退之间收获成功

　　人生路上，希望听到一片喝彩声、鼓励声，这是每个人都有的愿望。但是事实上，人生路上更多的情况是无人喝彩，甚至会有喝倒彩的情况，面对这种情况，只有有胆气、有豪气的人才能勇敢胜出，不受左右。

01　成功,往往源自更多的压力

人,往往习惯于表现自己所熟悉、所擅长的领域。但,如果我们愿意回首,细细检视,将会恍然大悟,看似紧锣密鼓的工作挑战、永无止歇难度渐升的环境压力,不也就在不知不觉间、养成了今日的诸般能力吗?

一位音乐系的学生走进练习室,钢琴上摆放着一份全新的乐谱。

"超高难度。"他翻动着,喃喃自语,感觉自己对弹奏钢琴的信心似乎跌到了谷底,消磨殆尽。

已经三个月了,自从跟了这位新的指导教授之后,他不知道,为什么教授要以这种方式整人? 勉强打起精神,他开始用十只手指头奋战、奋战、奋战琴音盖住了练习室外教授走来的脚步声。

指导教授是个极有名的钢琴大师。他给自己的新学生一份乐谱。

"试试看吧!"他说。

乐谱难度颇高,学生弹得生涩僵滞错误百出。

"还不熟,回去好好练习!"教授在下课时,如此叮嘱学生。

学生练了一个星期,第二周上课时正准备中,没想到教授又给了他一份难度更高的乐谱,"试试看吧!"上星期功课,教授提也没提。

学生再次挣扎于更高难度的技巧挑战。

第三周,更难的乐谱又出现了,同样的情形持续着,学生每次在课堂上都被一份新的乐谱困扰,然后把它带回去练习,接着再回到课堂上,重新面临难上两倍的乐谱,却怎么样都追不上进度,一点也没有因为上周的练习而有驾轻就熟的感觉,学生感到愈来愈不安、沮丧及气馁。

教授走进练习室。学生再也忍不住了,他必须向钢琴大师提出这三个月来、何以不断折磨自己的质疑。

教授没开口,他抽出了最早的第一份乐谱,交给学生。

"弹奏吧!"他以坚定的眼神望着学生。

不可思议的事发生了,连学生自己都诧异万分,他居然可以将这首曲子弹奏得如此美妙、如此精湛!教授又让学生试了第二堂课的乐谱,仍然,学生出现高水平的表现。演奏结束,学生怔怔地看着老师,说不出话来。

"如果,我任由你表现最擅长的部分,可能你还在练习最早的那份乐谱,不可能有现在这样的程度。"教授缓缓地说。

心理学感言

每个人都有无限的潜力,但人们都愿意做驾轻就熟的事,因为这些是自己擅长的,这样,每当遇到难题,就会感到压力,压力越来越大,最终就可能放弃。如果从一个高起点开始着手做,那么中间的困难只是进步的阶梯,这样会让我们更欣然乐意面对未来势必更多的难题。

02 机会,只属于那些善于把握的人

习惯了晚饭后坐在电视旁边看电视剧,习惯了玩游戏逛商场,习惯了打麻将侃大山,习惯了得心应手的工作,我们已经忘了问为什么,一切都在习惯中运行的时候,机会偷偷地从身边溜走。

有个年轻人,想发财想到几乎发疯的地步。每每听到哪里有财路他便不辞劳苦地去寻找。有一天,他听说附近深山中有位白发老人,若有缘与他见面,则有求必应,肯定不会空手而归。于是,那年轻人便连夜收拾行李,赶上山去。

他在那儿苦等了5天,终于见到了传说中的老人,他向老者请求,赐珠宝给他。老人便告诉他说:"每天早晨,太阳未东升时,你到村外的沙滩上寻找一粒'心愿石'。其他石头是冷的,而那颗'心愿石'却与众不同,握在手里,你会感觉到很温暖而且会发光。一旦你寻到那颗'心愿石'后,你所祈祷的东西都可以实现了。"

青年人很感激老人,便赶快回村去。

每天清晨,那青年人便在沙滩上检视石头,发觉不温暖也不发光的,他便丢下海去。日复一日,月复一月,那青年在沙滩上寻找了大半年,始终也没找到温暖发光的"心愿石"。

有一天,他如往常一样,在沙滩开始捡石头。一发觉不是"心愿石",他便丢下海去。一粒、二粒、三粒……

突然,"哇……",青年人哭了起来,因为他刚才习惯地将那颗"心愿石"随手丢下海去后,才发觉它是"温暖"的!

心理学感言

因为习惯,我们放弃了许多发现的机会,当一切都熟视无睹的时候,我们不仅仅遗失了思想,更放过了许多成功的机遇。

03 健康,不可忽视的财富

不要抱怨家庭的贫寒,不要抱怨时运不济,不要怨天尤人。有一种资本是用金钱买不到的:这就是健康。

一个青年老是埋怨自己时运不济发不了财,终日愁眉不展。这天来了一个须发俱白的老人,问他:"年轻人,你干吗不高兴?"

"我不明白为什么我总是那么穷。"

"穷? 你很富有嘛。"老人由衷地说。

"这从何说起?"年轻人问。

老人不正面回答,反问道:"假如今天斩掉你一个手指头,给你一千元,你干不干?"

"不干。"

"斩掉你一只手,给你一万元,你干不干?"

"不干。"

"让你马上变成八十岁的老人,给你一百万,干不干?"

"不干。"

"让你马上死掉,给你一千万,干不干?"

"不干。"

"这就对了。你已经有了超过一千万的财富了,为什么还哀叹自己贫穷呢?"老人笑着问。

身体就是一部不停转动的机器。在你年轻的时候,这台机器就是薪

新的,只要你合理的操作它,你就能创造无穷的财富,所以不必为暂时的不得意而垂头丧气,只要不让机器闲置,成功就唾手可得。

- -

04 不要让机遇擦肩而过

成功和失败有时就在一念间,因为时不我待,当机会走过你身边,你没有抓住它,而它就永远失去了,与其对未来抱有幻想,不如把握住现有的机遇。

某地发生水灾,整个乡村都难逃厄运。许多村民纷纷逃生,一位上帝的虔诚信徒爬到屋顶上去,等待上帝的拯救。

不久,大水浸过屋顶,刚好有只木舟经过,船上的人要带他逃生。这位信徒胸有成竹地说:"不用了,上帝会救我的!"木舟就离他而去了。

片刻之间,洪水已浸到他的膝盖。刚巧有艘汽艇经过,拯救尚未逃生者。这位信徒说:"不必了,上帝会救我的。"汽艇只好到别处进行拯救工作。

半刻钟之后,洪水高涨,已至信徒的肩膀。此时,有一架直升机放下软梯来拯救他。他怎么也不肯上机,说:"别担心我了,上帝会救我的!"直升机也只好离开。

最后,水继续高涨,这位信徒被淹死了。

他死后升上天堂,遇见了上帝。他大叫:"平日我诚心祈祷您,您却见死不救。算我瞎了眼啦。"

上帝听后叫了起来:"你还要我怎么样? 我已经给你派去了两条船和一架飞机!"

心理学感言

　　每个人都希望成功，这是一件好事情。然而有人却不去为成功创造机会，却只把心思放到寻找捷径上。就像故事中的那个人，总想上帝来就自己而错过了被救的机会。他也许不知道，走向成功的唯一捷径就是抓住机会。

05　辩证看待得失，才是智者

　　成功人生是与众不同的人生，成功的人是与众不同的人，他们视跟在别人后面为耻辱，他们勇于放开胸怀接受好的一面，更敢于睁大眼睛不怕痛苦地盯住坏的一面；他们深知，好的一面的好处众人皆知，坏的一面里蕴含的好处，不是每个人都知道的。

　　有两个妇人在聊天，其中一个问道："你儿子还好吧？""别提了，真是不幸哦！"这个妇人叹息道，"他实在够可怜，娶个媳妇懒的要命，不烧饭、不扫地、不洗衣服、不带孩子，整天就是睡觉，我儿子还要端早餐到她的床上呢！""那女儿呢？""那她可就好命了。"妇人满脸笑容，"他嫁了一个不错的丈夫，不让他做家事，全部都由先生一手包办，煮饭、洗衣、扫地、带孩子，而且每天早上还端早点到床上给她吃呢！"

　　同样的状况，但是当我们从我的角度去看时，就会产生不同的心态。站在别人的立场看一看，或换个角度想一想，很多事就不一样了，你可以有更大的包容，也会有更多的爱。

　　有一天，一个失恋的人在公园哭泣。

这时一位哲学家走来,轻声地问他说:"你怎么啦? 为何哭的如此伤心?"

失恋的人回答说:"我好难过,为何他要离我而去?"

不料这位哲学家却哈哈大笑,并说:"你真笨!"

失恋的人便很生气地说:"你怎么这样,我失恋了,已经很难过,你不安慰我就算了,你还骂我。"

哲学家回答他说:"傻瓜! 这根本就不用难过啊,真正该难过的是他。因为你只是失去了一个不爱你的人,而他却是失去了一个爱他的人及爱人的能力。"

心理学感言

事情好的一面,已被他人强调过无数次,已经很难再找出新意。善于突破创造的人,更善于考虑事情坏的一面,从中找到超越前人的因素。

06 不要让外部环境影响你的行动

弗洛姆是一位著名的心理学家。一天,几个学生向他请教:心态对一个人会产生什么样的影响?

他微微一笑,什么也不说,就把他们带到一间黑暗的房子里。在他的引导下,学生们很快就穿过了这间伸手不见五指的神秘房间。接着,弗洛姆打开房间里的一盏灯,在这昏黄如烛的灯光下,学生们才看清楚房间的布置,不禁吓出了一身冷汗。原来,这间房子的地面就是一个很深很大的水池,池子里蠕动着各种毒蛇,包括一条大蟒蛇和三条眼镜蛇,有好几只毒蛇正高高地昂着头,朝他们"滋滋"地吐着信子。就在这蛇池的上方,搭着一座很窄的木桥,他们刚才就是从这座木桥上走过来的。

弗洛姆看着他们,问:"现在,你们还愿意再次走过这座桥吗?"大家你看看我,我看看你,都不做声。

过了片刻,终于有3个学生犹犹豫豫地站了出来。其中一个学生一上去,就异常小心地挪动着双脚,速度比第一次慢了好多倍;另一个学生战战兢兢地踩在小木桥上,身子不由自主地颤抖着,才走到一半,就挺不住了;第三个学生干脆弯下身来,慢慢地趴在小桥上爬了过去。

"啪",弗洛姆又打开了房内另外几盏灯,强烈的灯光一下子把整个房间照耀得如同白昼。学生们揉揉眼睛再仔细看,才发现在小木桥的下方装着一道安全网,只是因为网线的颜色极暗淡,他们刚才都没有看出来。弗洛姆大声地问:"你们当中还有谁愿意现在就通过这座小桥?"

学生们没有作声,"你们为什么不愿意呢?"弗洛姆问道。"这张安全网的质量可靠吗?"学生心有余悸地反问。

弗洛姆笑了:"我可以解答你们的疑问了,这座桥本来不难走,可是桥下的毒蛇对你们造成了心理威慑,于是,你们就失去了平静的心态,乱了方寸,慌了手脚,表现出各种程度的胆怯。心态对行为当然是有影响的啊。"

其实人生又何尝不是如此呢? 在面对各种挑战时,也许失败的原因不是因为势单力薄、不是因为智能低下、也不是没有把整个局势分析透彻,反而是把困难看得太清楚、分析得太透彻、考虑得太详尽,才会被困难吓倒,举步维艰。倒是那些没把困难完全看清楚的人,更能够勇往直前。

如果我们在通过人生的独木桥时,能够忘记背景,忽略险恶,专心走好自己脚下的路,我们也许能更快地到达目的地。

那是地处险恶的峡谷,涧底奔腾着湍急的水流,几根光秃秃的铁索横亘在悬崖峭壁间,这就是过河的桥。

一行四人来到桥头,一个盲人,一个聋子,两个耳聪目明的健全人。

四个人一个接一个地抓住铁索,凌空行进。结果呢?盲人、聋子过了桥,一个耳聪目明的人也过了桥,另一个则跌下去,丧了命。

难道耳聪目明的人还不如盲人、聋人吗?

他的弱点恰恰源于耳聪目明。

盲人说:我眼睛看不见,不知山高桥险,心平气和地攀索;聋人说:我的耳朵听不见,不闻脚下咆哮怒吼,恐惧相对减少很多。那么过桥的健全人呢?他的理论是:我过我的桥,险峰与我何干?急流与我何干?只管注意落脚稳固就够了。

心理学感言

很多时候,成功就像攀附铁索,失败的原因,不是因为智商的低下,也不是因为力量的薄弱,而是威慑于环境,被周围的声势吓破了胆。

07 小事,也可以成就未来

年轻的时候,每个人心中对未来充满了豪情壮志,希望有一天能成为一个伟大的人物,然而只是心存远大志向是不可能成为杰出人物的,只有将理想转化为行动的动力,脚踏实地,经过不断地积累,才能有所收获。收获是用自己的智慧和汗水换来的,属于那些不好高骛远,不眼高手低的人们。总想着一步登天的人与成功是绝缘的,不积跬步,何以至千里?

有一位青年在美国某石油公司工作,他所做的工作连小孩都能胜任,就是巡视并确认石油罐盖有没有自动焊接好。

石油罐在输送带上移动至旋转台上,焊接剂便自动滴下,沿着盖子回转一周,作业就算结束。他每天如此,反复好几百次地注视着这种作业,枯燥无味,厌烦极了。他想创业,可又无其他本事。他发现罐子旋转一次,焊接剂滴落 39 滴,焊接工作便结束了。他想,在这一连串的工作中,有没有什么可以改善的地方呢? 一天,他突然想到:如果能将焊接剂减少一两滴,是不是能节省点成本?

于是,他经过一番研究,终于研制出 37 滴型焊接机。但是,利用这种机器焊接出来的石油罐,偶尔会漏油,并不理想。但他不灰心,又研制出"38 滴型"焊接机。这次的发明非常完美,公司对他的评价很高。不久便生产出这种机器,改用新的焊接方式。虽然节省的只是一滴焊接剂,但"一滴"却给公司带来了每年 5 亿美元的新利润。

心理学感言

一件平凡的小事虽不能让一个人获得成功,但从中却可以看出一个人对工作、对生活的态度。甘于现状的人,只会自怨自艾,整天为枯燥的生活所困,终生郁郁不得志;积极进取的人,即使干着平淡无味的工作,但他却能从中找到乐趣,保持良好的心态。却注意那些为常人所忽略的小事。只有能见别人所未见,才能做别人所不能做。记住,水滴虽小,却可以折射出整个太阳。

08　自尊自信,通往成功之路的灯塔

有位哲学家曾经说过:一个人如果能够意识到自己是什么样的人,那么,他很快就会知道自己应该成为什么样的人。但是,他首先得在思想上相信自己的重要,很快,在现实生活中,他也会觉得自己很重要。对一个人来说,如果能充分肯定自己的能力。那么,他很快就会拥有巨大的力量。

哈佛大学的罗森塔尔博士曾在加州一所学校做过一个著名的实验。

新学年开始时,罗森塔尔博士让校长把三位教师叫进办公室,对他们说:"根据你们过去的教学表现,你们是本校最优秀的老师。因此,我们特意挑选了100名全校最聪明的学生组成三个班让你们教。这些学生的智商比其他孩子都高,希望你们能让他们取得更好的成绩。"

三位老师都高兴地表示一定尽力。校长又叮嘱他们,对待这些孩子,要像平常一样,不要让孩子或孩子的家长知道他们是被特意挑选出来的,老师们都答应了。

一年之后,这三个班的学生成绩果然排在整个学区的前列。这时,校长告诉了老师们真相:这些学生并不是刻意选出的最优秀的学生,只不过是随机抽调的最普通的学生。老师们没想到会是这样,都认为自己的教学水平确实高。这时校长又告诉了他们另一个真相,那就是,他们也不是被特意挑选出的全校最优秀的教师,也不过是随机抽调的普通老师罢了。

这个结果正是博士所料到的:这三位教师都认为自己是最优秀的,并且学生又都是高智商的,因此对教学工作充满了信心,工作自然非常卖力,结果肯定非常好了。

固然,谦逊是一种美德,也是一种智慧,人们也越来越看重这种品质,但是,我们不应该轻视自尊自信的价值和力量,它比任何一种个性因素更能体现一个人的精神面貌。只有自信与自尊,充分地肯定自己,才能够让我们发挥出自己的能力,它的作用是任何其他东西所无法替代的。那些总是怀疑自己、凡事总是指望别人的人,正如莎士比亚所说,他们体会不到也永远不能体会到,自立者身上焕发出的那种荣光。

09　专注于一个目标,更容易成功

一个人的成就与其精力的集中程度往往是成正比的。生活中有许多人,他们总是贪多,幻想在各个领域中做出成绩来。然一心不能二用,这样做只会分散自己的精力,顾此失彼。他们四处出击,但都是蜻蜓点水,浮光掠影。最终无所建树。

有这样一个天才面包师,自打一生下来,就对面包有着无比浓厚的兴趣,闻到面包的香气就如醉如痴。

长大后,他如愿以偿地做了面包师。他做面包时,要有绝对精良的面粉黄油;要有一尘不染、闪光晶亮的器皿;打下手的姑娘要令人赏心悦目;伴奏的音乐要称心宜人。四个条件缺一不可,否则酝酿不出情绪,没有创作灵感。

他完全把面包当做艺术品,哪怕只有一勺黄油不新鲜,他也要大发雷霆,认为那简直是难以容忍的亵渎。哪一天要是没做面包,他就会满心愧

117

疚:馋嘴的孩子和挑剔的姑娘只能去吃那些粗制滥造的面包了。他从来不去想今天做了多少生意,然而他的生意却出人意料的好,盖过了所有比他更聪明活络、更迫切赚钱的人。

还有一个药铺老板,幼年时父亲因抓不起药而命赴黄泉,他发誓要开一个乐善好施的药铺。当了老板之后,他不改初衷,童叟无欺,贫富不二。

他还自学成才,专给没钱看医生的人开方子。一些药界行家见此大摇其头:一副败家子做派,不赔本才怪!然而他的生意却日渐红火,盖过了所有比他更会降低成本、更精明强干的人。

心理学感言

有一只猴外出寻找食物,它找到了一只西瓜,抱着西瓜它继续找食物。不久,猴又找到了些芝麻,于是它就放下西瓜去捡芝麻,捡完芝麻后它却忘记了那只西瓜。人们因猴捡了芝麻丢了西瓜而加以嘲笑,然而在现实生活中,许多人又何尝不是这样。他们总是三心二意,东一锄头西一瓢,白白浪费了自己的精力。他们不知道伟人之所以成其为伟人,成功者之所以能超越芸芸众生,就在于他们能够坚定不移地认准某个目标,并为之全力以赴,矢志不移。

10 有些成败,取决于某些细微之处

名画、珍贵古玩、品牌汽车等等,之所以价值不菲,倍受青睐,不单单因为它们整体的美观,更因为它们无可比拟的细部,这些细部精美绝伦。如果没有对细部的敏锐感受观察能力。创造出这些细部来是不可想象的。道理很简单,只有感觉到的东西你才会认识它,只有认识到的东西你才创造它。"多数人的失败不是因为他们的无能,而是他的心志不专一。"吉鲁德有一个外科医生告诉学生:"当个外科医生,需要两项重要的能力:第一,不会反胃;第二,观察力要强。"接着,他伸出一只手指,沾入一碟看来令人作呕的液体中,然后张口舔舔手指。他要全班学生照着做,他们只好硬起头皮照做一遍。医生颔首一笑说:

"各位,恭喜你们通过了第一关测验。不幸的是,第二关你们都没通过,因为你们没注意到我舔的手指头,不是我探入碟中的那根手指。"

美国有一间生产牙膏的公司,产品优良,包装精美,深受广大消费者的喜爱,每年营业额蒸蒸日上。记录显示,前十年每年的营业增长率为10%～20%,令董事部雀跃万分。

不过,业绩进入第十一年,第十二年及第十三年时,则停滞下来,每个月维持同样的数字。董事部对此三年之业绩表现感到不满,便召开全国经理级高层会议,以商讨对策。

会议中,有名年轻经理站起来,对董事部说:"我手中有张纸,纸里有个建议,若您要使用我的建议,必须另付我五万元!"

总裁听了很生气地说:"我每个月都支付你薪水,另有分红、奖励,现在叫你来开会讨论,你还要另外要求五万元,是否过分?"

"总裁先生,请别误会。您支付的薪水,让我在平时卖力地为公司工作;但是,这是一个重大又有价值的建议,您应该支付我额外的薪水。若我的建议行不通,您可以将它丢弃,一毛钱也不必付。但是,不看您损失的必定不只五万元。"年轻的经理解释说。

"好!我就看看它为何值这么多钱!"总裁接过那张纸后,阅毕,马上签了一张五万元的支票给那位年轻经理。那张纸上只写了一句话:"将现在的牙膏开口扩大 1 毫米。"

总裁马上下令更换新的包装。试想,每天早上,每个消费者多用 1 毫米的牙膏,每天牙膏的消费量将多出多少倍呢? 这个决定,使该公司第十四年的营业额增加了 32%。

心理学感言

一个小小的改变,往往会引起意料不到的效果。当我们面对新知识、新事物或新创意时,千万别将脑袋封闭,置之于后,应该将脑袋打开 1 毫米,接受新知识、新事物。也许一个新的创见,能让我们从中获得不少启示,从而改进业绩,改善生活,提升自己的艺术修养,整体把握能力。

11 跌倒之后,要重新站起来

恋人的离去是失败、工作的丢失是失败、考试不达标也是失败,拒绝无处不在。成功的人之所以成功,很重要的一点就是失败一次之后,能够继续追求,并且坚持不懈,矢志不渝,直至成功。

一位父亲很为他的孩子苦恼。因为他的儿子已经十五六岁了,可是一点男子气概都没有。于是,父亲去拜访以为禅师,请他训练自己的孩子。

禅师说:"你把孩子留在我这边,3 个月以后,我一定可以把他训练成真正的男人。不过,这 3 个月里面,你不可以来看他。"父亲同意了。

3 个月后,父亲来接孩子。禅师安排孩子和一个空手道教练进行一场比赛,以展示这 3 个月的训练成果。教练一出手,孩子便应声倒地。他站起来继续迎接挑战,但马上又被打倒,他就又站起来……就这样来来回回一共 16 次。

禅师问父亲:"你觉得你孩子的表现够不够男子气概?"

父亲说:"我简直羞愧死了!想不到我送他来这里受训 3 个月,看到的结果是他这么不经打,被人一打就倒。"

禅师说:"我很遗憾,你只看到表面的胜负。你有没有看到你儿子那种倒下去立刻又站起来的勇气和毅力呢?这才是真正的男子气概啊!"

只要站起来比倒下去多一次就是成功。

心理学感言

人很容易被过去的经验限制,海洋馆里的小虎鲨为了猎食,被玻璃撞得头昏眼花,但是当玻璃取走后,到口的鱼食也不敢去吃,只好饿肚子。面临挫折的时候,我们是不是像小虎鲨呢?当我们面对拒绝时,我们不妨想想小虎鲨的遭遇。拒绝就像池中的大片玻璃,撞击时会感到疼痛。但是玻璃取走后,小虎鲨猎食是不是轻而易举?

12 背水一战源自没有退路的悬崖

面对困难与挫折,积极进取是必须的路线。任何妥协退缩都是误入歧途,将会把你引向失败的境地。

一位原籍上海的中国留学生刚到澳大利亚的时候,为了寻找一份能够糊口的工作,他骑着一辆旧自行车沿着环澳公路走了数日,替人放羊、割草、收庄稼、洗碗……只要给一口饭吃,他就会暂且停下疲惫的脚步。

一天,在唐人街一家餐馆打工的他,看见报纸上刊出了澳洲电讯公司的招聘启事。留学生担心自己英语不地道,专业不对口,他就选择了线路监控员的职位去应聘。过五关斩六将,眼看他就要得到那年薪三万五的职位了,不想招聘主管却出人意料地问他:"你有车吗? 你会开车吗? 我们这份工作时常外出,没有车寸步难行。"

澳大利亚公民普遍拥有私家车,无车者寥若星辰,可这位留学生初来乍到还属无车族。为了争取这个极具诱惑力的工作,他不假思索地回答:"有! 会!"

"4 天后,开着你的车来上班。"主管说。

4 天之内要买车、学车谈何容易,但为了生存,留学生豁出去了。他在华人朋友那里借了 500 澳元,从旧车市场买了一辆外表丑陋的"甲壳虫"。第一天他跟华人朋友学简单的驾驶技术;第二天在朋友屋后的那块大草坪上模拟练习;第三天歪歪斜斜地开着车上了公路;第四天他居然驾车去公司报了到。时至今日,他已是"澳洲电讯"的业务主管了。

这位留学生的专业水平如何我无从知道,但我确实佩服他的胆识。如果他当初畏首畏尾地不敢向自己挑战,决不会有今天的辉煌。那一刻,他毅然决然地斩断了自己的退路,让自己置身于命运的悬崖绝壁之上。正是面临这种后无退路的境地,人才会集中精力奋勇向前,从生活中争得属于自己的位置。

心理学感言

给自己一片没有退路的悬崖,才能激发自己无穷的潜力,勇敢地面对挫折失败,克服困难,从某种意义上说,是给自己一个向生命高地冲锋的机会。

13　打铁先要自身硬

若要自己卓然出众,那就要努力使自己成为一颗珍珠。只有把理想和现实有机结合起来,才有可能成为一个成功之人。有时候,一个简单的道理,却足以给人意味深长的生命启示。

有一个自以为是全才的年轻人,毕业以后屡次碰壁,一直找不到理想的工作,他觉得自己怀才不遇,对社会感到非常失望。多次的碰壁工作,让他伤心而绝望,他感到没有伯乐来赏识他这匹"千里马"。

痛苦绝望之下,有一天,他来到大海边,打算就此结束自己的生命。

在他正要自杀的时候,正好有一位老人从附近走过,看见了他,并且救了他。老人问他为什么要走绝路,他说自己得不到别人和社会的承认,没有人欣赏并且重用他……

老人从脚下的沙滩上捡起一粒沙子,让年轻人看了看,然后就随便地扔在了地上,对年轻人说:"请你把我刚才扔在地上的那粒沙子捡起来。"

"这根本不可能!"年轻人说。

老人没有说话,从自己的口袋里掏出一颗晶莹剔透的珍珠,也是随便地扔在了地上,然后对年轻人说:"你能不能把这颗珍珠捡起来呢?"

"当然可以!"

"那你就应该明白是为什么了吧? 你应该知道,现在你自己还不是一颗珍珠,所以你不能苛求别人立即承认你。如果要别人承认,那你就要想办法使自己成为一颗珍珠才行。"年轻人蹙眉低首,一时无语。

有的时候,你必须知道自己是普通的沙粒,而不是价值连城的珍珠。你要卓尔不群,那要有鹤立鸡群的资本才行。所以忍受不了打击和挫折,承受不住忽视和平淡,就很难达到辉煌。

14 要能屈能伸,善于把握

做尺蠖的好处在于:不为人注意,避免遭到攻击,可以赢得发展时间和空间,不至于被强手消灭于萌芽状态;这种积累式的踅步发展,其实速度很快。等对手注意到了,你的拳头也该伸到他的下颌了;尺蠖具有强大的适应能力,它的移动是随遇而安的,跌倒了再来。做尺蠖一样的人的基本要求就是能过苦日子。正像任正非所说的,靠一点白菜、南瓜过日子是否可行,才是检验企业真正动力的砝码。

古来成大事者必是能屈能伸的伟丈夫。人生处世有两种境界:一是逆境,二是顺境。在逆境中,困难和压力逼迫身心,这时节应懂得一个"屈"字,委曲求全,保存实力,以等待转机的降临。在顺境中,幸运和环境皆有利于我,这时节当懂得一个"伸"字,乘风万里,扶摇直上,以顺势应时更上一层楼。

何谓屈?何谓伸?何谓能屈能伸?善屈善伸,大屈大伸!屈,是一种难得的糊涂,一种"水往低处流"的谦逊;"屈",是在困境中求存的"耐",在负辱中抗争的"忍",在名利纷争中的恕,在与世无争中的"和"。"伸",是以退为进的谋略,以柔克刚的内功,以弱胜强的气概。伸是无可无不可的两便思维,是有也不多,无也不少的自如心态。

俗语说得好:小不忍则乱大谋。忍一时风平浪静,让一步海阔天空。

而从做人上讲,能屈能伸就是有刚有柔。人太刚强,遇事就会不顾后果,迎难而上,这样的人容易遭受挫折,人生苦短,能忍受几多挫折?人太柔弱,调事就会优柔寡断,坐失良机,这样的人很难成就大事,一味软弱,终究是扶不起的阿斗。做人就要刚柔并济,能刚能柔,能屈能伸,当刚则刚,当柔则柔,屈伸有度。

刚强对一个人来讲很重要,是人身上最可贵的品质,但刚强也有限度,有了困难和挫折宁折不弯是对的,但却不可不问原因一味的刚强到底,要知道刚强者不能持久。况且刚强的人都是心劲足、血性大的,遇到困难耗尽心血,硬撑死撑,直到精血耗尽,无可再撑,一旦折服很难再有重新站起的机会。

柔弱却可得长久,柔者有包容力,海纳百川,就是靠兼柔并蓄的力量吞吐含纳。但是如果一味柔弱,就会遭到欺凌。俗话常讲,一个人要是没刚没火,便不知其可。就是说一个人要是只会软弱,不懂刚强,那么什么事情也做不成。无志空活百岁,柔弱纵能长久,也是白白消耗岁月。

楚汉相争时,刘邦和项羽争夺天下,势均力敌。然而刘邦借助大将韩信一统天下,韩信也因此封王封侯。然而这个封王封侯的韩信却曾忍受胯下之辱。

韩信年轻的时候,曾经接受过乞婆的喂养,受到了当地人的嘲笑。有一天,他在街上闲逛,从对面走过来几个当地最不好惹的地痞小流氓。他们截住韩信嘲笑他"漂母食",并且无理地要求韩信从他们的胯下爬过去,要不然就会打死他。

韩信思考了一会儿,便伏下身去从他们的胯下爬过去,然后拍拍衣上的尘灰扬长而去。那些地痞流氓哈哈大笑,说韩信是个胆小怕事的人,不会成就什么大事业。

后来韩信发奋,学得一身兵法,军事才能无人能及,被萧何引见到刘邦帐下,很快就做了大将军,成就了自己的一番事业。

如果当初韩信一气之下,宁折不弯的和那些流氓拼了,恐怕历史将要改写,历史上不会出现一个叱咤风云的大将军,只会多一个名不见经传的枉死鬼。当然历史就是历史,没有什么假设,但是历史中的智慧值得我们思索。大丈夫能屈能伸,能刚能柔,就是源于韩信的典故。在常人看来,胯下之辱绝对让人不堪忍受,简直是奇耻大辱,然而韩信爬过去了,而且爬过去以后拍拍身上的尘土扬长而去,这是何等的胸襟和气魄!

大丈夫不应徒争眼前的得失或贪图一己的物欲,抢出一时的风头——那是匹夫之勇,是不知天高地厚的无知。逞雄才于一隅,作威福于一方,显得意于外表,是那种先老子后做儿子的狂妄。

要想成就一番大事业就得忍受常人所不能忍受的耻辱。历史将赋予你重大的任务,你就要做好吃苦受辱的准备,那不仅是命运对你的考验,也是自己对自己的验证。面对耻辱,要冷静地思考,不接受会不会出现生命的劫难,会不会从此一蹶不振永难再起?如果真存在这种情况,那么就要三思而后行,而不是鲁莽的凭自己的一时意气用事。因为人在遭遇困厄和耻辱的时候,如果自己的力量不足以与彼方抗衡,那么最重要的是保存实力,而不是拿自己的命运作赌注,做无所谓的争取。一时意气是莽夫的行为,绝不是成就大事业的人的作为。

能屈能伸,"屈"是暂时的,暂时的忍辱负重是为了长久的事业和理想。不能忍一时之屈,就不能使壮志得以实现,使抱负得以施展。"屈"是"伸"的准备和积蓄的阶段,就像运动员跳远一样,屈腿是为了积蓄力量,把全身的力量凝聚到发力点上,然后将身跃起,在空中舒展身体以达到最远的目标。

"先天下之忧而忧,后天下之乐而乐"这种为人之处态,才是我们修养品德和心性的准则。

在狭路相逢,要留一点余地给他人行走,羊肠小道上两个人通过,如争先恐后,俩人都有坠入深渊的危险,与其相争不如相让,这样既能迅速地而又不伤和气地达到各自想要到达的目的。为人处事难免有过错,责备他人的过错不可太严厉,要考虑对方能否承受得住,能否接受你的批评,教诲别人的同时不可期望太高,要顾及他的能力是否能达到你的要求或做得到,不要把自己的意愿强加在他人身上,因为手有长短,人必有差距之分。

然而,做人还需保持一份受辱的心态,当受到他人侮辱时也不要急于怒形于色,一个人有宁可吃亏、忍辱,息事宁人的胸襟,在人生的旅途中自会觉得妙处无穷,对自己的前程也必将是受用不尽。

在现今的社会中,我们更要学会一种心态,为人处世遇事有退让一步的态度方为高明,因为让一步就等于为日后进一步做准备,待人接物以抱宽厚态的心境为快乐,因为给人家方便也就是为自己以后留下方便之门。

大丈夫根据时势,需要屈时就屈,需要伸时就伸,可以屈时就屈,可以伸时就伸。屈于应当屈的时候,是智慧;伸于应当伸的时候,也是智慧。屈是保存力量,伸是光大力量;屈是隐匿自我,伸是高扬自我;屈是生之低谷,伸是生之巅峰。随时势能屈能伸,柔顺如同薄席,可卷可张,这不是出于胆小怕事;刚强、勇敢而又坚毅,从不屈服于人,这不是出于骄傲暴戾。

心理学感言

大丈夫有起有伏,能屈能伸。起,就起他个直上云霄;伏,就伏他个如龙在渊;屈,就屈他个不露痕迹;伸,就伸他个清澈见底。

15 一次伟大的成功,是由无数细小的成功组成的

分段实现大目标,就是将大目标分成一个一个可以分段实现的小目标。只有实现小目标,才能最终完成大目标。有时,试图一举完成大目标

的想法是狂妄的,也是不切实际的。这样做的结果只能是目标未完成,但想完成目标的雄心却永远也提不起来了。

1984 年,在东京国际马拉松邀请赛中,名不见经传的日本选手山田本一出人意外地夺得了世界冠军。当记者问他凭什么取得如此惊人的成绩时,他说了这么一句话:凭智慧战胜对手。

当时许多人都认为这个偶然跑到前面的矮个子选手是在故弄玄虚。马拉松赛是体力和耐力的运动,只要身体素质好又有耐性就有望夺冠,爆发力和速度都还在其次,说用智慧取胜确实有点勉强。

两年后,意大利国际马拉松邀请赛在意大利北部城市米兰举行,山田本一代表日本参加比赛。这一次,他又获得了世界冠军。记者又请他谈经验,山田本一性情木讷,不善言谈,回答的仍是上次那句话:用智慧战胜对手。这回记者在报纸上没再挖苦他,但对他所谓的智慧迷惑不解。

十年后,这个谜终于被解开了,他在他的自传中写道:每次比赛之前,我都要乘车把比赛的线路仔细地看一遍,并把沿途比较醒目的标志画下来,比如第一个标志是银行;第二个标志是一棵大树;第三个标志是一座红房子……这样一直画到赛程的终点。比赛开始后,我就以百米的速度奋力地向第一个目标冲去,等到达第一个目标后,我又以同样的速度向第二个目标冲去。40 多千米的赛程,就被我分解成这么几个小目标轻松地跑完了。起初,我并不懂这样的道理,我把我的目标定在 40 多千米外终点线上的那面旗帜上,结果我跑到十几千米时就疲惫不堪了,我被前面那段遥远的路程给吓倒了。

在山田本一的自传中,发现这段话的时候,我正在读法国作家普鲁斯特的《追忆似水流年》,这部作者花了 16 年写成的 7 卷本巨著,有很多次让我望而却步,要不是山田本一给我的启示,这部书可能还会像一座山一样横在我的眼前,现在它已被我踏平了。

我曾想,在现实中,我们做事之所以会半途而废,这其中的原因,往往不是因为难度较大,而是觉得成功离我们较远,确切地说,我们不是因为失败而放弃,而是因为倦怠而失败。在人生的旅途中,我们稍微具有一点山田本一的智慧,一生中也许会少许多懊悔和惋惜。

一只新组装好的小钟放在了两只旧钟当中。两只旧钟"滴答""滴答"一分一秒地走着。

其中一只旧钟对小钟说:"来吧,你也该工作了。可是我有点担心,你走完三千二百万次以后,恐怕便吃不消了。"

"天哪!三千二百万次。"小钟吃惊不已。"要我做这么大的事?办不到,办不到。"

另一只旧钟说:"别听它胡说八道。不用害怕,你只要每秒滴答摆一下就行了。"

"天下哪有这样简单的事情。"小钟将信将疑,"如果这样,我就试试吧。"

小钟很轻松地每秒钟"滴答"摆一下,不知不觉中,一年过去了,它摆了三千二百万次。

心理学感言

每个人都梦想成功,但成功似乎不愿意追求者一起,远远地地躲到天边。让人感觉似乎遥不可及。因此,失望、倦怠一起涌来,还没有尝试就放弃了。其实,我们不必想以后的事,一年、甚至一月之后的事,只要想着今天我要作些什么,明天我该作些什么,然后努力去完成,就像那只钟一样,每秒"滴答"摆一下,成功的喜悦就会慢慢浸润我们的生命。

16 把握施展才华的机会

让才华在众多人前冒尖,会给自己创造出更多的机会,一旦有了机会就绝不放过,出人头地的日子就随之而来了。

路易斯·M.休特对掌握机会的诠释为"替自己的才华安装聚光灯"。他认为人应该在让大家看得到的地方工作,并尽力让自己的才华在众人之中突显出来。对于他这句话,我深有同感。路易斯也指出:"现在这个时代,能人辈出。但许多人空有才华而无人赏识,就这样浮浮沉沉地过了一生,令人为之惋惜!"

他则不同,他绝不甘心被人忽视。于是,一开始他便将自己安排在容易掌握机会的地方。为能达成自己的人生计划,首先他在学校里学习法律,一方面他认为以此为业既安全又可靠,另一方面他认为作为一名法学家可以有许多机会在众人面前展露自己的才华。因此,就在这种观念的支持之下,他以十分优异的成绩毕业于佛罗里达州立大学。他的所学没有白费,毕业之后,他便马上进入塔拉哈希市一家法律事务所工作。

关于实务方面,他把积极参与社会活动作为自己的行动方针。没有多久时间,他便得到青年商会、在乡军人组织等团体的认同。

如此热烈参与社会活动的结果,使他获得了第一次发展机会。他在事务所工作不到一年的时间,即被塔拉哈希市的人们公认为是最有才华的年轻有为的法学家,因此他在24岁就被任命为该市的法律顾问。直至今日,在佛罗里达州,他仍然是年纪最轻的法律顾问。

这项职位,使他在当地的声望愈来愈高,州政府对他也颇为器重。三年后,当他被任命为佛罗里达州饮料局长时,他的第二次发展机会亦翩然降临。此时的他已成为全州人们所瞩目的对象,但他并不以此满足,他知道自己仍然有发展的机会,并深信在周围的人群当中会有人带领他走向事业的另一座高峰。于是,他依然坚持着"观察与被观察"的理论等待机会。

果然不出其所料,在注意他的人群里,美国最成功的年轻实业家之一路易斯·M.沃弗逊也在其中。充满野心的这两个人志同道合,经介绍认识之后,俩人很快就变成了好朋友。

三个月后,休特非常自信地告诉沃弗逊说:"你恐怕不知道,有一天,我将成为你们那伙人中的一分子。"休特更想象不到的是"那一天"竟然这么快就来临。三年后,在休特30岁那年,他被沃弗逊任命为 MeritChapman 和 Scott 公司的助理总经理。这是个旁人求之不得的天大机会,是休特六年来不断让才华暴露在众人眼前的结果。

在沃弗逊的世界里,休特的事业快速成长。一年以后,他成为该公司的副总经理;时隔不久,他又成为经营委员会的一员。现在,他已是沃弗逊的左右手,经营着世界排名数一数二的庞大企业。

路易斯·休特的成功,证明了使自己暴露在公共场合中,使自己的才华成为众人有目共睹的事实是多么重要。

心理学感言

　　对自己漫不经心会失去许多机会。捕捉来临的机会;还要展露才华给自己创造更多的机会,这样才会使你不断进入更高的层次。

17　只有不断地坚持，才能获得成功

战胜困难的办法总会有的，关键是你是否去寻找。

约翰·R.约翰逊 1918 年出生于阿肯色州的一个贫困家庭，曾就读于芝加哥大学和西北大学。尽管他从未修完学业，但他至今已荣获了 16 个名誉学位。

约翰逊从芝加哥一家黑人经营的美国最高人寿保险公司当杂役开始进入商界。现在他是该公司的董事会主席，同时是几家巨型公司董事会的成员。

1942 年，约翰逊以他母亲的家具作抵押得到 500 美元贷款，单枪匹马开办了一家出版公司。现在该公司已成为美国第二个最大的黑人企业。它最初出版《黑人文摘》(现名《黑人世界》)，后增加了《黑檀》、《黑色大理石》《黑人明星》和《黑檀少年》等杂志。1961 年，他开始经营图书出版业务；1973 年又扩大了业务，买下了芝加哥广播电视台 WGRT，同时经营新潮妇女时装化妆品。

约翰逊谈到自己艰苦创业和取得的成就的感想时，谦逊而诚恳地说："我母亲最初给了我很大鼓励。她相信并经常教诲我，'也许你付了辛苦没有成功，但如果你不去勤奋工作，就肯定不会有成就。因此，假如你想成功，就必须抓住机会，努力去为之奋斗。任何问题总是有办法解决的，但办法要人去寻找。要坚持不懈，百折不挠，不停地寻找解决问题的办法。"

他去芝加哥上中学的时候，就开始为获得成功而奋斗了，"我当时没

有朋友,没有钱,因为穿着自制的衣服而被人讥笑。我说话南方口音很重,同学还拿我的罗圈腿取笑。因此,我不得不想办法在他们面前争口气,我想到的惟一办法就是在学业方面超过他们。

"我更加用功地学习,取得很高的成绩;我还去听公众讲演课。戴尔·卡耐基写的那本《处世之道》,我读了至少50遍。

"班上的同学们都不敢高声发言,只有我是例外。我读过一本关于演讲的书,我按照书上说的方法对着镜子练习。由于我作了一些演讲,大家选我当了班主席,后来我又当了学生会主席、校刊的总编辑和学校年鉴的编辑。"

1943年发生了一些戏剧性的事情:约翰逊办起了一家小出版公司。他想扩大发行自己的杂志《黑人文摘》。

"我决定组织一系列《假如我是黑人》为题的文章,把一名白人放在黑人的地位上,设身处地地严肃地来看待这一问题,考虑假定他处在黑人的地位会真的怎么去做。"约翰逊回忆说,"我觉得请罗斯福总统的夫人埃莉诺来写这篇文章是再合适不过了,于是我坐下来给她写了一封信。"

"罗斯福夫人给我写了回信,说她太忙,没有时间写文章。但她没有说不愿意写。"

"因此,一个月之后,我又给她写了一封信,她说她仍然很忙。又过了一个月,我给她写了第三封信,她回信说连一分钟空闲也抽不出来。"

由于罗斯福夫人每次都说她的问题是没有时间。约翰逊没有打退堂鼓。"她并不是说她不愿意写,所以我推想,如果我继续请求她,也许,有一天她会有时间的。

"终于,我在报上看到她要在芝加哥发表演讲的消息,决定再试一次,便给她发了一个电报,询问她是否愿意趁她在芝加哥的时候为《黑人文摘》写那篇文章。

"她收到我的电报时,正好有点空余的时间,于是便坐下来,把她的感想写了出来。

"文章一出,消息不胫而走,很快传遍全国各地,大家争相购买阅读。直接的结果是:我的杂志的发行量在一月之间由 5 万份增加到 15 万份。这确实是我事业上的一个转折点。"

约翰逊不赞成速决的办法。"成功总需要尝试和努力,有时要经过多次失败。人们来到这里,看到我这里壮观的场面,都会说,'嘿,你真走运!'我总提醒他们说,我经过 30 年漫长而艰苦的工作才达到今天的地步。我是在那家保险公司的一间小房子里开始起步的,后来又搬进了一个像储煤仓一样的一座小屋内。我一件事接着一件事地干,最后才到了现在的地步。我认为,一个人应当像长跑运动员那样,坚持前进,千万不可半途而废。

心理学感言

无论多么艰难,都能做到坚持,坚持,再坚持,那么就自然会达到目标。

18 坚定自己的信念是走向成功的法宝

一个奇迹中都孕育着始终如一的信念,尽把杂思丢却出,奋斗能上九重天。

一个男孩的父母希望他们的儿子能成为一位体面的医生。可是,男孩读到高中便被计算机迷住了,整天鼓捣着一台十分落后的苹果机,他把计算机的主机拆下又装上。男孩的父母很伤心,告诉他,你应该用功念书,否则根本无法立足社会。可是,男孩说:"有朝一日我会开一家公司的。"但是,父母根本不相信,还是千方百计按自己的意愿培养男孩,希望他能成为一位医生。

不久,男孩终于按照父母的意愿考入了一所医科大学,可是他只对电脑感兴趣。在第一学期,他从当地零售商处买来降价处理的 IBM 个人电脑,在宿舍里改装升级后卖给同学。他组装的电脑的性能质量十分优良,而且价格便宜。不久他的电脑不但在学校里走俏,而且连附近的律师事物所和许多小企业也纷纷来购买。

第一个学期快要结束的时候,他告诉他的父母,他要退学,父母坚决不同意,只允许他利用假期推销电脑,并且承诺,如果一个夏季销售不好,那么,必须放弃电脑。可是,男孩电脑生意就在这个夏季突飞猛进,仅用了一个月的时间,他就完成了 18 万美元的销售额。

他的计划成功了,父母很遗憾地同意他退学。

他组建了自己的公司,打出了自己的品牌。在很短的时间内,他良好的商业成绩引起投资家的关注。第二年,公司顺利地发行了股票,他拥有了 1800 万美元资金,那年他才 23 岁。10 年后,他创下了类似于比尔·盖茨般的神话,拥有资产 43 亿美元。他就是美国戴尔公司总裁迈克尔·戴尔。比尔·盖茨曾经亲自飞赴他的住所,美国的奥斯汀向他祝贺。比尔·盖茨对他说:"我们都坚信自己的信念,并且对这一行业富有激情。"两位商业巨人的手紧紧地握在一起。

心理学感言

坚信自己的信念、坚定自己的信念是走向成功的法宝。静下心来，按着自己的信念专心努力地去做，成功必然属于自己。

19　挖掘自身的潜能，勇攀高峰

向外探索，会发现很多秘密，却难找心中的秘密。

有一个法国人，42岁了仍一事无成，他自己也认为自己倒霉透了：离婚、破产、失业……他不知道自己的生存价值和人生的意义。他对自己非常不满，变得古怪、易怒，同时又十分脆弱。有一天，一个吉普赛人在巴黎街头算命，他随意一试。吉普赛人看过他的手相之后，说：

"你是一个伟人，您很了不起！"

"什么？"他大吃一惊，"我是个伟人，你不是在开玩笑吧？！"

吉普赛人平静地说："您知道您是谁吗？"

"我是谁？"他暗想，"是个倒霉鬼，是个穷光蛋，我是个被生活抛弃的人！"

但他仍然故作镇静地问：

"我是谁呢？"

"您是伟人"，吉普赛人说，"您知道吗，您是拿破仑转世！您身体流的血、您的勇气和智慧，都是拿破仑的啊！先生，难道您真的没有发觉，您的面貌也很像拿破仑吗？"

"不会吧……"他迟疑地说，"我离婚了……我破产了……我失业了……我几乎无家可归……"

"嗨,那是您的过去",吉普赛人说,"您的未来可不得了! 如果先生您不相信,就不用给我钱好了。不过,五年后,您将是法国最成功的人啊! 因为您就是拿破仑的化身!"

他表面装作极不相信地离开了,但心里却有了一种从未有过的伟大感觉。他对拿破仑产生了浓厚的兴趣。回家后,就想方设法找与拿破仑有关的书籍著述来学习。渐渐地,他发现周围的环境开始改变了,朋友、家人、同事、老板,都换了另一种眼光、另一种表情对他。事情开始顺利起来。

后来他才领悟到,其实一切都没有变,是他自己变了:他的气魄、思维模式都在模仿拿破仑,就连走路说话都像。13 年以后,也就是在他 55 岁的时候,他成了亿万富翁,法国赫赫有名的成功人士。

心理学感言

心中储藏的秘密不易被寻找。它应当是精神财富,这是金钱难以买到的,比金钱价更高的财富,有了它,你就有了勇于攀登高峰的动力。

20 因为忘乎所以,所以功败垂成

稍有所得就得意忘形,是无法取得成功的。

从前一个穷苦人,很信奉天神。尽管家中穷得揭不开锅,但他宁可四处讨饭,也要把讨来的东西供奉给天神。日复一日,年复一年,一直坚持十年之久。

天神看到他是那样的诚心,想帮他达成心愿,于是化作一个凡人来到人间。"你如此供奉天神,到底是为了求得什么呢?"

这人答道:"为了求得人间富贵,心想事成。"

天神于是从怀中取出一个瓶子递给他说:"这个瓶子叫'德瓶',是个宝瓶,你要什么,它就会给你变出什么。"

说完之后,天神走了。这人得到这样一件宝物,自然是欣喜若狂。于是把多年盼望的东西,统统说了出来,让宝瓶变给他。

果然,宝瓶有求必应,给他变出了豪华的住宅,成群的车马、牲畜,还有许多财宝。

这人非常高兴,又大宴宾客。众人见他突然之间暴富起来,十分惊奇,纷纷问他是怎么回事。

这人就把经过给大家说了。众人更加惊奇,要求这人把宝瓶拿出,变几样东西给大伙儿看看,让大伙儿也开开眼界。

这人见大伙儿这么羡慕自己,不禁有点儿得意忘形,不顾自己手里拿着宝瓶,跳起舞来。

谁知没跳几步,脚下一绊,只听"啪"的一声,宝瓶掉到地上,碎了。

而那些由宝瓶变出的住宅、车马等大量钱财,也在瞬间消失得无影无踪。

穷人跌坐在地上,他又一无所有了。

心理学感言

稍有所得就忘乎所以,很易失去刚拥有的东西,给生活和事业带来损失。

21 功到自然成,但耐心等待同样重要

如果将成功看作白天,将失败看作夜晚,如果你没有熬到天明就睡去了,在醒来时仍旧是夜晚。就因为一毫米的放弃,失去了一光年的距离。

一位著名的推销大师即将告别他的推销生涯,应行业协会和社会各界的邀请,他将在该城中最大的体育馆,做告别职业生涯的演说。

那天,会场座无虚席,人们在热切地、焦急地等待着,那位当代最伟大的推销员,作精彩的演讲。当大幕徐徐拉开,舞台的正中央吊着一个巨大的铁球。为了这个铁球,台上搭起了高大的铁架。

一位老者在人们热烈的掌声中,走了出来,站在铁架的一边。他穿着一件红色的运动服,脚下是一双白色胶鞋。

人们惊奇地望着他,不知道他要做出什么举动。

这时两位工作人员抬着一个大铁锤,放在老者的面前。这时主持人对观众讲:请两位身体强壮的人,到台上来。许多年轻人站起来,转眼间已有两名动作快的跑到台上。

这时老人开口和他们讲规则,请他们用这个大铁锤,去敲打那个吊着的铁球,直到把它荡起来。

一个年轻人抢着拿起铁锤,拉开架势,抡起大锤,全力向那吊着的铁球砸去,一声震耳的响声过后,那吊球动也没动。他就用大铁锤接二连三地砸向吊球,很快他就气喘吁吁。

另一个人也不示弱,接过大铁锤把吊球打得叮当响,可是铁球仍旧一动不动。

台下逐渐没了呐喊声,观众好像认定那是没用的,就等着老人做出什么解释。

会场恢复了平静,老人从上衣口袋里掏出一个小锤,然后认真地,面对着那个巨大的铁球。他用小锤对着铁球"咚"敲了一下,然后停顿一下,再一次用小锤"咚"敲了一下。人们奇怪地看着,老人就那样"咚"敲一下,然后停顿一下,就这样持续地做。

十分钟过去了,二十分钟过去了,会场早已开始骚动,有的人干脆叫骂起来,人们用各种声音和动作发泄着他们的不满。老人仍然一小锤不停地工作着,他好像根本没有听见人们在喊叫什么。人们开始忿然离去,会场上出现了大块大块的空缺。留下来的人们好像也喊累了,会场渐渐地安静下来。

大概在老人进行到四十分钟的时候,坐在前面的一个妇女突然尖叫一声:"球动了!"刹那间会场立即鸦雀无声,人们聚精会神地看着那个铁球。那球以很小的摆度动了起来,不仔细看很难察觉。老人仍旧一小锤一小锤地敲着,人们好像都听到了那小锤敲打吊球的声响。吊球在老人一锤一锤的敲打中越荡越高,它拉动着那个铁架子"哐、哐"作响,它的巨大威力强烈地震撼着在场的每一个人。终于场上爆发出一阵阵热烈的掌声,在掌声中,老人转过身来,慢慢地把那把小锤揣进兜里。

老人开口讲话了,他只说了一句话:在成功的道路上,你没有耐心去等待成功的到来,那么,你只好用一生的耐心去面对失败。

心理学感言

锲而不舍,水滴穿石。成功的背后就是千百万的重复和枯燥,但这些重复工作一旦到了极限,就能发生质的飞跃。

22　好的创意，等于成功的一半

对于渴望成功的每个人来说，不去想或是不会想（即不善于创意），有可能把成功的机遇白白丢掉。许多成功开初都常常是一种想法罢了。一旦这类创意得以实现，成功者便创造出自己的奇迹。至于奇迹的大小，又要看你创意的价值了。只要创意符合客观规律，迟早会出现挡不住的奇迹！

有一次，奥地利两位著名的作曲家莫扎特和海顿在一起打赌。莫扎特对海顿说："我有一首你不会演奏的曲子。"海顿自然不信，于是他俩就打赌。海顿接过莫扎特递给的乐谱，开始演奏起来。演奏到一个地方，海顿只好停下来，喊道："难怪你说我不会演奏，现在我的两只手已经在钢琴键盘的中间同时再奏出一个音，那就不可能的。"莫扎特笑了，走近钢琴演奏起来。当他演奏到海顿刚才停下的地方时，出人意料地用自己的鼻子弹了钢琴键盘中间的那个音。果然，莫扎特创造了个"奇迹"，打赢了这个赌。

有一次，英格兰国王把著名画家吉姆斯召去，在王宫的墙壁上画画。吉姆斯在高架上用心地描绘着，满意地欣赏着自己的画。他不知不觉地往后退，丝毫没有觉察到自己已退到高架的边缘，眼看就要掉下来。吉姆斯的助手站在高架下，看见了这一切。不过助手心想：要是突然大声警告吉姆斯，吉姆斯说不定被突然的喊声吓得跌下来。该怎么办呢？这时，吉姆斯又往后退了。助手急中生智，猛地将一桶颜料朝墙上的画掷去。"当啷"一声，画被污染了。吉姆斯不知发生了什么事，失声叫了起来，忙着朝画走去，脱离了险境。

都市心灵疗愈课

美国某动物园一度门庭冷落,游客减少。该动物园的一位工作人员想出了一个新招:"人兽反观"。他设想把所有的动物放出笼子,让游人乘车在园中观赏。这样一来,给人一种犹如置身于天然的动物世界的感受,所以游人络绎不绝,动物园门前又出现车水马龙的热闹景象。

日本兵库县有个丹波村,地处山区,交通不便。丹波地人为了富起来,请来了井坂弘毅先生当顾问。井坂先生见丹波村穷得叮当响,还有啥可出售呢? 一日,井坂先生面对穷山恶水,突然灵机一动,既然这个村如此贫困落后,能否将"落后"也当商品出售呢? 于是井坂顾问说服村里人搬到树上去住。当丹波村人在树上筑屋而居的新闻传到大城市后,城里人纷纷前来尝试"原始"生活的滋味。随之而来的是,丹波人收入大大地增加。

借助创意,人们更容易找到获取成功的突击方向,可以在阻挡成功的障碍上撕开缺口。善于创意和珍视创意,是成功者应具备的可贵品质。有志于获得成功的人应当努力把自己培养为出色的创意人才。

第五章

在得失之外掌握财富

　　金钱不是万能的,但没有金钱是万万不能的。金钱是生活的必须,是衣食住行的基本保证,没有它就不能在钢筋水泥的城市中生存。珍惜你的金钱并不是教你吝啬,而是把钱用在该用的地方。

01 炫富，人生的一大败笔

从前，有一个人坐船从美国到意大利。他出生于意大利，青年时来到美国学习变戏法，成为世界知名的艺人。

终于他决定退休，渴望返回家乡定居。他带着所有财产，买了返回意大利的船票，然后用所有剩余的金钱买了一颗钻石，他把钻石藏在舱房里。

登船后，他向一位男孩表演如何能同时抛耍几个苹果。不久，一批群众聚拢过来，此刻的成就使他非常得意，他跑回舱房拿出他的钻石，向观众解释说这是他毕生的积蓄，然后开始抛耍那钻石。不久，他的表演愈来愈惊险。

后来他把钻石丢得极高，观众皆屏息以待。众人知道钻石的价值，都求他不要再那样做。

但由于当时的刺激，他再次把钻石丢得更高。观众再次屏息，然后在他接住钻石时松一口气。

耍把戏的人对自己和自己的能力充满信心，告诉观众他将再丢一次，这次他将把钻石抛到一个新的高度，甚至它将暂时从众人眼前消失。他们再次求他不要那样做。

但他凭着多年经验产生的自信，把钻石高高抛向空中。真的消失了一会儿，然后钻石又在阳光照耀下发出了闪烁的光芒。突然间，船只倾斜了一下，钻石掉入海中，从此消失得无影无踪。

心理学感言

失去了所有的财产，这确实让人感到惋惜，但这样的结果是怎么造成的呢？都是炫耀惹的祸呀。如同故事中的人物一样，我们有些人也在要玩着自己的金钱。我们相信自己和自己的能力，以及过去成功的经验，往往四周的人求我们不要再冒险，不要孤注一掷，因为他们明白金钱的来之不易。但我们仍继续要玩……却不知道船将在何时倾斜，而我们将永远失去机会。

02　不要做金钱的奴隶，要做金钱的主人

金钱是人创造出来的，人切不可变为金钱的奴隶，而应该成为金钱的主人。如果人变为金钱的奴隶，他的欲望会一天天增加，而理智和清醒会一天天减少。

堪萨斯州的希雅瓦达，一座名为霍普山的墓园中竖立着几个奇特的墓碑。那是一位白手起家、名叫戴维斯的农夫竖起来的。起初他是一个收入低微的工人，但凭着过人的意志力和勤俭的习惯，他终于积聚起一笔可观的财富。然而在这过程中，农夫并没有结交太多朋友；他跟妻子的家人也不亲近，因为他们原本就认为他配不上她。他被激怒了，遂决定不给姻亲们留任何钱。

戴维斯的妻子逝世后，他为她竖起一块精致的墓碑。他雇请一位雕刻家设计，其上有他们夫妻俩的情侣坐像。他对雕刻家的作品大为满意，于是吩咐再造一个，这次是他自己跪在妻子坟前，放下花圈的样子。由于

第二个雕像更令他喜欢,他决定再订制第三个,这次是他妻子跪着把花圈放在他未来墓地上的姿势。他要求雕刻家在妻子背上加上一对小翅膀,那是因为她已去世,所以要使她看起来像个天使。雕像一个接一个,为了雕塑自己和妻子的墓碑,农夫最终花了不下 50 万美元。

城里每次有人建议他参与一些社区计划(例如建造医院、公园、儿童游泳池、市政大楼),这位年老的守财奴都会满不高兴地皱起眉头,咬牙切齿地嚷嚷:"这个城市为我做过什么? 我什么也没有欠它!"

在把财富全数耗尽在石碑和自私的消遣之后,约翰·戴维斯活到 92 岁,带着一副冷酷的面容在贫民院中逝世。

他的雕像……说来奇怪……每一座都渐渐陷到堪萨斯州的泥土中,成为时间的牺牲品。这些带着怨恨的纪念碑,代表着自我中心和冷漠的人生。天理循环,全部石碑最终必在若干年后消失。

只有很少的人参加戴维斯先生的葬礼,据说只有一个人对他的死表示难过,那人名叫荷瑞斯·英格兰……就是那个卖墓碑的推销员。

心理学感言

一谈到金钱,人们都知道犹太人挺会赚钱的。听听他们对金钱的看法,对于今天的我们来说不无裨益。单纯的玻璃只能看到别人,镀上银子的玻璃只能看到自己。金钱的危险性一览无余。金钱的魅力可以转移人的眼光,难怪有人说:有些人是金钱的奴隶。

03　省钱有技巧,赚钱有门道

其实赚钱是一件很容易的事,只需要你动动脑子,将要花出去的款项缩减一半,你就等于赚了一半。这需要你杜绝人云亦云,盲目跟风的花钱习惯,争取做到每一笔支出都精打细算。

美国,华尔街,某大银行。

一位提着豪华公文包的犹太老人,来到贷款部前,大模大样地坐了下来。"请问先生,您有什么事情需要我们效劳吗?"贷款部经理一边小心地询问,一边打量着来人的穿着:名贵的西服,高档的皮鞋,昂贵的手表,还有镶着宝石的领带夹子……

"我想借点钱。"

"完全可以,您想借多少呢?"

"1 美元。"

"只借 1 美元?"贷款部的经理惊愕了。

"我只需要 1 美元。可以吗?"

"当然,只要有担保,借多少我们都可以照办。"

"好吧。"犹太人从豪华公文包里取出一大堆股票、国债、债券等放在桌上:"这些做担保可以吗?"

贷款部经理清点了一下,"先生,总共 50 万美元,做担保足够了,不过先生,您真的只借 1 美元吗?"

"是的。"犹太老人面无表情地说。

"好吧,到那边办手续吧,年息为 6% ,只要您付 6% 的利息,一年后归还，我们就把这些作保的股票和证券还给您。"

"谢谢。"犹太富豪办完手续，准备离去。

一直在一边冷眼旁观的银行行长怎么也弄不明白，一个拥有 50 万美元的富豪，怎么会跑到银行来借 1 美元呢？

他从后面追了上去，有些窘迫地说："对不起，先生，可以问您一个问题吗？"

"你想问什么？"

"我是这家银行的行长，我实在弄不懂，您拥有 50 万美元的家当，为什么只借 1 美元呢？要是您想借 40 万美元的话，我们也会很乐意为您服务的。"

"好吧，既然你如此热情，我不妨把实情告诉你。我到这儿来，是想办一件事情，可是随身携带的这些票券很碍事，我问过几家金库，要租他们的保险箱，租金都很昂贵，我知道银行的保安很好，所以嘛，就将这些东西以担保的形式寄存在贵行了，由你们替我保管，我还有什么不放心呢！况且利息很便宜，存一年才不过 6 美分……"

心理学感言

无论如何，省钱总比赚钱容易。省钱需要货比三家，外加一点点心思。而赚钱，就需要流汗出力，费尽周折。而相比较，该如何做，相信你自有定夺。

04 理性看待金钱,活出真实的自己

冷静也是一种智慧。制怒需要冷静,思考需要冷静。大凡人面对很多财富,就容易失去理智,意气用事。有时动火发怒,任由性情,往往将人生置于不可追悔的境地。

在童话帝国有一种精灵,他们干着仆役的事情,照顾家务,打扫房屋,有时还兼管花园。

其中有个精灵,从前给一个小康之家管理花园。他干活不声不响,相当熟练,热爱主人主妇,还特别爱那个花园。他对工作非常卖力,主人对他很满意。尽管他和他的同伴一样,生性非常轻盈和飘忽,但为了更好地表明他是个忠实的仆役,他始终住在这家主人那里,

他的同行——那些精灵对他百般诽谤,以至于精灵的头目很快下令,把他调到挪威的最北部去照料一所终年被雪覆盖的房屋。

动身前,精灵对他的主人说:"我不知道犯了什么错误,别人逼着我离开你们。在这里,我只能再待很短一段时间,一个月,也可能是一星期。请你们抓紧时机说出三个愿望,因为我能使这三个愿望都实现。但是只能三个,不能更多。"

主人和主妇合计了一下,第一个愿望就是要求财富。果然,立即便有大捧大捧的金钱装满了他们的箱子和钱柜,仓库里全是麦子,地窖里全是酒,一切都装得满满的。但究竟怎样来管理这些财物?该设立多少账本,耗费多少心血和时间?俩人都感到十分为难,要是老这么下去可怎么办?小偷要来算计他们,王公大人要来借贷,国王要来征税,这对可怜的夫妇

因为太富而感到痛苦。

"快来帮我们摆脱这些因钱财而引起的麻烦吧!"他们俩人请求说,"穷人是多么幸福! 贫困远远胜过财富。走开,财富,快走! 而你,贫穷女神,快回来吧!"

说完这些话,贫穷女神就回来了。他们重新获得了平静和安宁。精灵因他们的觉悟而和他们同声大笑。

为了利用精灵的宽宏大度,他们打算在精灵动身前的某一适当时刻,请求他赐给他们智慧。他们已经明白,这才是一种从不引起麻烦的财富。

心理学感言

能够正确认识金钱,就是一种智慧,能够冷静地对待金钱,知道金钱怎么来,同时知道金钱又是怎样离去,更是一种智慧。人最难做到的就是以平常心对待金钱。对金钱最好的心态是得亦不喜、失亦不悲。

05 保险,给慌乱的心以无尽的安慰

多了解一门知识、会多一份力量。多了解一些保险知识,会多一些保险系数。如果不了解保险知识,只能祈求上苍垂青了。

有一座华丽的宅邸,住着个大富翁,他吃的是山珍海味,穿的是绫罗绸缎,可是他并不开心,每天晚上总是做噩梦,因为他担心万一他的财产失去了,他就会过穷人的生活。

一天早晨起来,他听见土地公公在唱歌,他就把他的苦恼给土地公公说了,土地公公说:"这样你把你的金子给一袋给我,我保证在你生病或遇

到其他风险事故时给你五袋金子,在你老了的时候,每月都给你半袋金子。"富翁同意了,从此,他再也不做噩梦了。

财富重要,让财富安宁更重要。

某兵营流行这样一种游戏:上级军官每年一次召集部下 1000 人,发给每人一把手枪,并告诉他们,这 1000 把手枪中只有 3 把枪有真的子弹,要求他们每人朝自己的脑袋上开一枪,剩下的人可以在余下的一年里无忧无虑地生活……

游戏进行着,每年一次……

朋友,如果你是其中的一员,你敢吗? 你敢朝自己的脑袋上开一枪吗? 每年都开一次?

其实在生活中,我们所有人都在无意识地每年重复着这样的游戏:根据中国人生命表统计显示,中国人的年平均死亡率是千分之三!

有人说千分之三的概率很小,因为 1000 人之中才只有 3 人。有人说这个概率很大,因为对个人来说,只有两种可能:生或死。因此,个人的概率是 50%。

朋友,你认为呢? 既然这是一个逃不了的游戏,我们为什么不及早做准备呢?

从前有个农场主,有两个儿子,在他儿子长大时,他问他的儿子:"儿子,你们需要我给你什么呢?"

大儿子回答:父亲,把家里的土地给我吧?

小儿子回答:父亲,给我买一份保险,让我上学去吧?

过了几年,农场主的财产被火烧光了,大儿子的土地又被没收了,而小儿子因为受到好的教育,依然舒适地生活着。

又过了几年,小儿子领取了保险公司的保险金,他得以继续深造,而大儿子的土地再也收不回来了,他只有在农田里辛苦一生。

你所拥有的财富是你付出心血和艰辛的劳动换回来的,用一点钱给它们上一把锁,使它们永远属于自己,是完全必要的。保护财富就是珍惜财富,珍惜财富就是尊重自身的劳动,珍惜自己的生命。

06　智慧是打开赚钱之门的金钥匙

赚钱的智慧只需一点点,但那一点点必须与众不同。人云亦云,盲目跟风的人永远不能赚到比别人多的钱。

两个青年一同开山,一个把石块儿砸成石子运到路边,卖给建房人,一个直接把石块运到码头,卖给杭州的花鸟商人。因为这儿的石头总是奇形怪状,他认为卖重量不如卖造型。三年后,卖怪石的青年成为村里第一个盖起瓦房的人。

后来,不许开山,只许种树,于是这儿成了果园。每到秋天,漫山遍野的鸭儿梨招来八方商客。他们把堆积如山的梨子成筐成筐地运往北京、上海,然后再发往韩国和日本。因为这儿的梨汁浓肉脆,香甜无比,就在村上的人为鸭儿梨带来的小康日子欢呼雀跃时,曾卖过怪石的人卖掉果树,开始种柳。因为他发现,来这儿的客商不愁挑不上好梨,只愁买不到盛梨的筐。五年后,他成为第一个在城里买房的人。

再后来,一条铁路从这儿贯穿南北,这儿的人上车后,可以北到北京,南抵九龙。小村对外开放,果农也由单一的卖果开始发展果品加工及市场开发。就在一些人开始集资办厂的时候,那个人又在他的地头砌了一道三米高百米长的墙。这道墙面向铁路,背依翠柳,两旁是一望无际的万亩梨园。坐火车经过这里的人,在欣赏盛开的梨花时,会醒目地看到四个大字:可口可乐。据说这是五百里山川中惟一的一个广告,那道墙的主人仅凭这座墙,每年又有四万元的额外收入。

日本一著名公司的人士来华考察,当他坐火车经过这个小山村的时候,听到这个故事,马上被此人惊人的商业化头脑所震惊,当即决定下车寻找此人。当日本人找到这个人时,他正在自己的店门口与对门的店主吵架。原来,他店里的西装标价800元一套,对门就把同样的西装标价750元;他标750元,对门就标700元。一个月下来,他仅批发出8套,而对门的客户却越来越多,一下子发出了800套。

日本人一看这情形,对此人失望不已。但当他弄清真相后,又惊喜万分,当即决定以百万年薪聘请他。原来,对面那家店也是他的。当你在马路上散步的时候,当你坐在火车上向外眺望的时候,假如有一个相貌平平的人,说赚钱是一件很容易的事,仅需要一点点智慧就够了,你千万不要侧目,说不定他就是一个身价百万的人。

心理学感言

当独辟蹊径成为一种习惯之后,你会给人不断地带来财运,就像那个卖怪石的青年,最后成为百万富翁一样。他的第一次成功,从某种程度上来说,给他积累了一种“势”,这之后,他是借势、运势、造势,乘势而为,终于赢得了财富。

07　金钱,不能买来所有

日常生活中很多东西需要用金钱来衡量。柴、米、油盐、衣服、房子,等等。即使我们的劳动报酬,也是以每个月多少金钱来衡量的,这往往会使我们养成一种思维习惯:用金钱衡量一切价值。果真如此的话,我们就开始走上了不幸之路。

从前有一个富翁的儿子很喜欢健身。

富翁从账房来到健身房,看到儿子正汗流浃背地练习举重。

儿子是业余举重俱乐部的会员,准备参加不久将要举行的一个运动会。

看到儿子健壮的身躯和那隆起的肌肉,富翁心里很高兴;但一想自己繁忙的业务,儿子却不感兴趣而帮不上忙,不禁又皱起了眉头。等儿子锻炼完毕,套上衣服,富翁和儿子谈开了,

"如果夺了冠军,会得到什么?"

"一个金杯。"

"那金杯,是不是纯金?"

"不,是镀金。"

"值多少钱一个?"

"不太清楚——大约几千元吧。"

"金杯拿来干什么用?"

"要说用途,的确没什么。但它摆在案头,能够说明一个人在体育事业上的努力和达到的成就。"

"有把握夺得冠军吗?"

154

"很难说,但我总得努力争取。"

"既然这样,你就别干了。要金杯,我可以给你几个纯金的,保证更精致,更美!"

"但是,那不一样。"

"是不一样。论价值,纯金比镀金大得多。"

"不经过自己的努力而得来的东西,是完全没有意义的。荣誉来自公认的成绩,价值取决于荣誉!"

"太糊涂了!"

"真的,太糊涂了!"

"我是说你!"

"不,爸爸,不是我!"在一般意义上说,纯金的价值当然大于镀金;但是,有时真正的价值却完全不是这样,因为真正的价值是不能用金钱衡量的。

心理学感言

生活中很多必备的东西,像清新的空气。像水、像人与人之间的爱,这些都是对人有益真正有价值的东西。一味用金钱衡量他们的价值是一种罪恶,是我们优秀的大脑被欲望之绳束缚导致的丑恶。一个农夫无意间发现一只会生金蛋的鹅,不久便成了富翁。可是财富却使他变得更贪婪更急躁,每天一个金蛋已无法满足他,于是农夫异想天开地把鹅宰掉,企图将鹅肚子里的金蛋全部取出来。谁知打开一看,鹅腹里并没有金蛋,鹅却死了,再也生不出金蛋来。如果有一部印钞机,我们应该照顾机器,还是照顾印出来的钞票?聪明人选择照顾机器,因为没有了钞票还可以再印,没有了机器,就什么也没有了。身体就是我们的机器。

08 善用金钱比善于赚钱更重要

钱是一种力量,但更有力量的是有关理财的技能。钱来了又去,但如果你了解钱是如何运转的,你就有了驾驭它的力量,并开始正确地使用钱,使钱更好地为你工作。要记住:我从来都是为人工作的。

许多人致富并非出于欲望,而是出于恐惧,他们认为钱能消除那种没有钱的恐惧,所以,他们积累了很多的钱,可是没多久,他们更加恐惧。恐惧会失去已得到的钱,回到从前的孤苦之中。

在一个清静的地方有座庙。庙里住着一个游方化缘的和尚。

这个庙的香火很盛,经常有些人来上供一些好东西。这个和尚就把这些东西卖掉,慢慢地积攒起一大堆钱。自从有了这些钱以后,和尚对谁也不信任,无论白天黑夜,他都把这些钱藏在自己的胳肢窝里,从不拿出来,生怕丢失或被别人偷走了。就这样,他总感到心神不宁,痛苦不堪。

钱并非好东西。弄钱的时候,有痛苦;想保住已经到手的钱,也有痛苦。钱丢掉了,有痛苦;把它花掉了,也有痛苦。

心理学感言

大部分人都希望积累财富,但是,更多的人不知道积累财富如何运用,而是只把财富的积累当做了唯一目的。这往往会造成痛苦。很多人接受了学校的正规教育之后,却没有掌握钱的真正的运转规律。从而终生都在为钱工作,为钱痛苦。

09 发现财富,需要一双慧眼

困难中蕴含着财富,财富必然来源于困难之中。只有帮很多人解决困难,众人才会心甘情愿地拿出他们的财富来交换。

"牛仔大王"李维斯的西部发迹史中曾有这样一段传奇:当年他像许多年青人一样,带着梦想前往西部追赶淘金热潮。

一日,突然间他发现有一条大河挡住了他前往西去的路。苦等数日,被阻隔的行人越来越多,但都无法过河。于是陆续有人向上游、下游绕道而行,也有人打道回府,更多的则是怨声一片。而心情慢慢平静下来的李维斯想起了曾有人传授给他的一个"思考致胜"的法宝,是一段话:"太棒了,这样的事情竟然发生在我的身上,又给了我一个成长的机会。凡事的发生必有其因果,必有助于我。"于是他来到大河边,"非常兴奋"地不断重复着对自己说:"太棒了,大河居然挡住我的去路,又给我一次成长的机会,凡事的发生必有其因果,必有助于我。"果然,他真的有了一个绝妙的创业主意——摆渡。没有人吝啬一点小钱坐他的渡船过河,迅速地,他人生的第一笔财富居然因大河挡道而获得。

一段时间后,摆渡生意开始清淡。他决定放弃,并继续前往西部淘金。来到西部,四处是人,他找到一块合适的空地方,买了工具便开始淘起金来。没过多久,有几个恶汉围住他,叫他滚开,别侵犯他们的地盘。他刚理论几句,那伙人便失去耐心,一顿拳打脚踢。无奈之下,他只好灰溜溜地离开。好容易找到另一处合适地方,没多久,同样的悲剧再次重演,他又被人轰了出来。在他刚到西部那段时间,多次被欺侮。终于,最后一次被人打完之后,看着那些人扬长而去的背影,他又一次想起他的"致胜法宝":太棒了,这样的事情竟然发生在我的身上,又给了我一次成长的机会,凡事的发生必有其因果,必有助于我。他真切地、兴奋地反复对自己说着,终于,他又想出了另一个绝妙的主意——卖水。

西部黄金不缺,但似乎自己无力与人争雄;西部缺水,可似乎没什么人能想它。不久他卖水的生意便红红火火。慢慢地,也有人参与了他的新行业,再后来,同行的人已越来越多。终于有一天,在他旁边卖水的一个壮汉对他发出通牒:"小个子,以后你别来卖水了,从明天早上开始,这儿卖水的地盘归我了。"他以为那人是在开玩笑,第二天依然来了,没想到那家伙立即走上来,不由分说,便对他一顿暴打,最后还将他的水车也一起拆烂。李维斯不得不再次无奈地接受现实。然而当这家伙扬长而去时,他却立即开始调整自己的心态,再次强行让自己兴奋起来,不断对自己说着:太棒了,这样的事情竟然发生在我的身上,又给我一次成长的机会,凡事的发生必有其因果,必有助于我。他开始调整自己注意的焦点。他发现在来西部淘金的人,衣服极易磨破,同时又发现西部到处都有废弃的帐篷,于是他又有了一个绝妙的好主意——把那些废弃的帐篷收集起来,洗洗干净,就这样,他缝成了世界上第一条牛仔裤!从此,他一发不可收拾,最终成为举世闻名的"牛仔大王"。

心理学感言

如果我们只知道说"太棒了,这样的事情竟然发生在我的身上,又给了我一个成长的机会。凡事的发生必有其因果,必有助于我"那就成了不折不扣的阿Q;如果我们把那句话作为我们走出沮丧的警句,转变面对失败时的心态,换个角度思考、行动,成功的就有可能是你、我、他!

10 金钱有价,信誉无价

信誉是无法用金钱来购买的,如果为了蝇头小利而背信弃义,损失了信誉就永远无法弥补。

有位留美女士逛美国的一家百货公司,在进口处有一堆鞋子,旁边的牌子上写道:"超级特价,只付一折即可穿回"。她拿起鞋子一看,原价70美元的漂亮大红鞋只要7美元,这简直让人不可相信。她试了试觉得皮软质轻,实在是完美无瑕,她真是乐不可支。

她把鞋捧在胸前,然后赶快招呼服务小姐,服务小姐笑眯眯地走过来:"您好! 您喜欢这双鞋? 正好配您的红外套!"她伸出手说,"能不能再让我看一下"。她把鞋交给服务小姐,不禁担心地问:"有什么问题吗? 价钱对吗?"

那位服务小姐赶紧安慰说:"不! 不! 别担心,我只是要确认一下是不是那两只鞋。嗯,确实是!""什么叫两只鞋,明明是一双啊!"她迷惑不解地问。

那位诚实的小姐说:"既然您这么中意,而且打算买了,我一定要把实情告诉您。"

服务小姐开始解释:"非常抱歉! 我必须让您明白,它真的不是一双鞋,而是相同皮质,尺寸一样,款式也相同的两只鞋,虽然颜色几乎一样,但还有一点色差,我们也不知道是否以前卖错了,或是顾客弄错了,剩下的左、右两只正好凑成一双,我们不能欺骗顾客,免得您回去以后,发现真相而后悔,责怪我们欺骗您,如果您现在知道了而放弃,您可以再选别的鞋子!"这真挚的一席话,哪有不让人心软的!何况,穿鞋走路又不是让人蹲下仔细对比两边色泽。她心里愈想愈得意,除下定决心买那"两只"外,不知不觉又买了两双鞋。

时过几年,那双鞋仍是她的最爱。当朋友夸赞那双鞋时,她总是不厌其烦地诉说那个动人的故事。唯一的后遗症是每次她到纽约时,总要抽空到那家百货公司捧回几双鞋。

谁也不愿意被别人当傻瓜,尤其是花钱的顾客。让顾客快乐的方法有很多,其中之一,或许是让顾客笑着对您说:"您好傻!"

11 用智慧的双眼,洞悉隐藏的财富

动用大脑,智慧会换了财富。

一天,父亲问儿子一磅铜的价格是多少,儿子答 35 美分。父亲说:"对!整个得克萨斯州都知道每磅铜的价格是 35 美分,但你应该说 3.5 美元。你试着把一磅铜做成门把手看看。"

20 年后,父亲死了,儿子独自经营铜器店。他做过铜鼓,做过瑞士钟表上的簧片,做过奥运会的奖牌。他甚至曾把一磅铜卖到 3500 美元的天价。后来他成了麦考尔公司的董事长。

1974 年,美国政府为清理给自由女神像翻新扔下的废料向社会广泛招标。但好几个月过去了,没人应标。正在法国旅行的他听说后,立即飞

往纽约,看过自由女神像下堆积如山的铜块、螺丝和木料,未提任何条件,当即就签了字。

很多同行对他的举动暗自发笑,认为他的行动是愚蠢的。因为在纽约州,垃圾处理有严格规定,弄不好会受到环保组织的起诉。就在一些人要看这个人的笑话时,他开始组织工人对废料进行分类。他让人把废铜熔化,铸成小自由女神像;他把木头等加工成底座;废铅、废铝做成纽约广场的钥匙。最后,甚至是自由女神像上的灰尘都被扫下来,包装起来卖给花店。不到3个月的时间,他让这堆废料变成了350万美元现金,每磅铜的价格整整翻了1万倍。

想法超乎寻常,行动非同一般,结果会是奇绩。优秀的头脑会给你带来巨大的成就。

第六章

在理智之中结交朋友

　　人生在世,避免不了要与形形色色的人打交道,结交良友不仅在事业、生活上可以给你大力帮助,而且在你发生过失时,能及时告诫和提醒你、甚至是规劝你,使你及时醒悟而少走弯路、免受损失。若是结交损友轻者将一事无成,碌碌无为,空度时光。重者则可能误入沼泽,难以自拔,进而走向自我毁灭。

01 结交愚蠢的朋友，是人生的一大败笔

所有人都承认，友情是一笔无形的巨大的财富，越孤独的人越渴望朋友的陪伴。这种孤独的渴望使人们在交友的时候盲目而不加以选择，其结果是结交了无益有害的狐朋狗友。

一个没有亲属的孑然一身的人，住在远离城市的荒僻的森林里。虽然隐士的生活在故事里描摹得天花乱坠，但适宜于离群索居的可决不是寻常的人们。无论是处在安乐或是忧患之中，人类的同情总是甜蜜的。

穿过美丽的草原和茂盛的树林，越过山风和溪流，躺在软绵绵的青草上，的确是赏心悦目！然而，如果没有人共同享受这些快乐，也还是十分寂寞无聊的。我们的隐士，不久也承认离群索居是并不愉快的。他到森林中的草地上去散步，到熟悉的邻居去走动，要想找个人谈谈话儿。然而，除了有一只狼或熊以外，谁还到这种地方去溜达呢？

他看见几尺以外有一只健壮的大熊，他脱下帽子，向他漂亮的新朋友恭恭敬敬的鞠一躬。他的漂亮的新朋友伸出一只毛乎乎的爪子来，他们就开始谈起来，谈到了天气如何如何。他们不久就成了好朋友，谁都觉得不能分离，所以整天待在一起。两个朋友怎样谈话，他们谈些什么，说些什么笑话，玩些什么把戏，以及怎样的互相取乐助兴，总而言之，我直到现在还不知道。隐士守口如瓶，熊天性不爱说话，所以局外人一点儿也不知道。不管怎么说，隐士找到这样一个宝贝做他的伴儿，心里十分高兴。他整天和熊形影不离，没有了它心里就要不痛快。他对熊的称赞，接连几个钟头也说不完。

在一个明朗的夏天，他们定了一个小小的计划，要到森林里草地上去

散步,还要翻山越岭地去远足。可是,因为人的力气总比不上熊,我们的隐士在正午的炎热下跑得累了,熊回头看到它的朋友远远地落在后面,心里充满了关切。它停下脚步来喊道:"躺下来歇一歇吧,老朋友,如果你想睡,何不打个瞌睡呢!我坐下来给你看守,以防有什么意外。"

隐士感到有睡觉的必要,就躺下来,深深地打了个呵欠,很快就睡熟了。熊忠实地守候在朋友身边。

一只苍蝇落在隐士的鼻子上,熊连忙来驱赶。苍蝇又飞到隐士的脸颊上。"滚开,坏东西!"真荒唐!苍蝇又落到朋友的鼻子上去了,而且越发坚持要留在那里。你瞧熊,它一声不响,捧起一块笨重的石头,屏住气蹲在那儿。

"别吭气儿,别吭气儿!"它心里想道,"你这淘气的畜生,我这回可要收拾你!"它等着苍蝇歇在隐士的额角上,就使劲儿把石头向隐士的脑袋砸过去,这一下砸得好准,把隐士脑袋砸成两半,熊的朋友就永远长眠不醒了。

心理学感言

不要和愚蠢的人交朋友,否则你也有变愚蠢的危险,但是要习惯于你新朋友的缺点,就像习惯于丑陋的脸。愚蠢和缺点是有区别的。前者是无法改变的事实,后者是有药可救的小毛病。人常说:宁愿要一个聪明的敌人,也不能要一个愚蠢的朋友。很有道理。紧急的时候得到帮助是宝贵的,然而并不是人人都会给予恰当的帮助;但愿老天爷让我们别交上愚蠢的朋友,因为殷勤过分的蠢材比任何敌人还要危险。

02 助人,也是一种快乐

"不行春风,难得春雨",生命的绿需要德行的沐浴,坚韧的浇灌,挚爱的孕育。德育,心诚,爱纯,心便会永远绿色长青! 把自己的爱心真心纯心交付给别人,生命的天堂才会焕发光彩。

一个人想看一下天堂和地狱到底有什么区别。于是他先来到地狱。地狱装饰的富丽堂皇,只是这儿的人一个个看起来面黄肌瘦,有气无力。吃饭的时候到了,他们全都围坐在一大个汤锅前,每人手里执着长长的勺柄,但由于勺柄太长了,无论他们怎样拼命往嘴里送,结果也是枉然。

这人又来到天堂,天堂装饰的好像与地狱没有什么区别,只是这里的人一个个红光满面,幸福而满足。他发现天堂的人同样手执着长长手柄的汤勺,围着大锅吃饭,但天堂的人却把舀到的饭送到对面人的口中。

人们常常吝于帮助别人,却不知道,帮助别人其实正是在帮助自己。

有一对老夫妇,女人穿着一套褪色的条纹棉布衣服,而她的丈夫则穿着布制的便宜西装,也没有事先约好,就直接去拜访哈佛的校长。

校长的秘书在片刻间就断定这两个乡下土老帽根本不可能与哈佛有业务来往。

先生轻声地说:"我们要见校长。"

秘书很礼貌地说:"他整天都很忙!"

女士回答说:"没关系,我们可以等。"

过了几个钟头,秘书一直不理他们,希望他们知难而退,自己走开。他们却一直等在那里。

秘书终于决定通知校长:"也许他们跟您讲几句话就会走开。"

校长不耐烦地同意了。

校长很有尊严而且心不甘情不愿地面对这对夫妇。女士告诉他："我们有一个儿子曾经在哈佛读过一年,他很喜欢哈佛,他在哈佛的生活很快乐。但是去年,他出了意外而死亡。我丈夫和我想在校园里为他留一个纪念物。"校长并没有被感动,反而粗声地说："夫人,我们不能为每一位曾读过哈佛而后死亡的人建立雕像的。如果我们这样做,我们的校园看起来像墓园一样。"

女士说："不是,我们不是要竖立一座雕像,我们想要捐一栋大楼给哈佛。"校长仔细地看了一下条纹棉布衣服及粗布便宜西装,然后吐一口气说："你们知不知道建一栋大楼要花多少钱?我们学校的一座大楼要750万美元。"这时,这位女士沉默不讲话了。校长很高兴,总算可以把他们打发了。

这位女士转向她丈夫说："只要750万就可以建一座大楼?那我们为什么不建一座大学来纪念我们的儿子?"就这样,斯坦福夫妇离开了哈佛,到了加州,成立了斯坦福大学来纪念他们的儿子。

心理学感言

吝啬金钱,吝啬精力,吝啬时间,别人还回来的是更加的吝啬。种瓜得瓜种豆得豆,种下友谊收获朋友。投以之木桃,报以之琼瑶,付出总会得到回报。善于帮助别人的人,是幸福的人,一只蜡烛不因点燃另一只蜡烛而降低自己的亮度,甚至在点燃的瞬间,自己更加辉煌!

03　信任是无价之宝

　　世界上如果没有信任,一切亲情、友情、爱情都将失去存在的基础,每个角落都是尔虞我诈的欺骗,社会将毫无秩序而言。信任是最好的支持,它是对人性的肯定,它对人的帮助在于心理上道义的重建,其意义超过了利益的支援。

　　在一个小镇上有一个出名的地痞,整日游手好闲,酗酒闹事,人们见到他惟恐躲避不及。一天,他醉酒后失手打死了前来上门讨债的债主,被判刑入狱。

　　入狱后的地痞翻然悔悟,对以往的言行深深感到懊悔。

　　一次,他成功地协助监狱制止了一次犯人的集体越狱出逃,获得减刑的机会。地痞(原谅这样继续称呼他)从监狱中出来后,回到小镇上重新做人。他先是找地方打工赚钱,结果全被对方拒绝。这些老板全部遭受过他的敲诈,谁也不要他这种人来工作。食不果腹的地痞又来到亲朋好友家借钱,遭到的都是一双双不相信的眼光,他那一点刚充满希望的心,开始滑向失望的边缘。这时,镇长听说了,就取出了100美元送给他,地痞接钱时没有显出过分的激动,他平静的看了镇长一眼后,消失在镇口的小路上。

　　数年后,地痞从外地归来。他靠100美元起家,苦命拼搏,终于成了一个腰缠万贯的富翁,不仅还清了亲朋好友的旧账,还领回来一个漂亮的妻子。他来到了镇长的家,恭恭敬敬地捧上了200美元,然后,说道:"谢谢您!"

　　事后,费解的人们问镇长,当初为什么相信他日后能够还上100美元,他可是出了名的借款不还的地痞。

镇长笑了笑,说:"我从他借钱的眼神中,相信他不会欺骗我,我那样做是让他感受到社会和生活不会对他冷酷和遗弃。"

就这样,信任拯救了一个即将走向极端的人。

有一个人经过热闹的火车站前,看到一个双腿残障的人摆设小摊,他漫不经心地丢下了 100 元,当做施舍。但是走了不久,这人又回来了,从地摊上拿起一件小商品,并抱歉的对这残障者说:"不好意思,你是一个生意人,我竟然把你当成一个乞丐。"

过了一段时间,他再次经过火车站,一个店家的老板在门口微笑喊住他,"我一直期待你的出现,"那个残障的人说,"你是第一个把我当成生意人看待的人,你看,我现在是一个真正的生意人了。"

信任别人,归根结底就是信任自己的判断。只有非常自信的人,才能给予别人非常的信任。颜回是孔子最得意的门生,有一次孔子周游列国,困于陈蔡之间七天没饭吃,颜回好不容易找到一点粮米,便赶紧埋锅造饭,米饭将熟之际,孔子闻香抬头,恰好看到颜回用手抓出一把米饭送入口中;等到颜回请孔子吃饭,孔子假装说:"我刚刚梦到我父亲,想用这干净的白饭来祭拜他。"颜回赶快接着说:"不行,不行,这饭不干净,刚刚烧饭时有些烟尘掉入锅中,弃之可惜,我便抓出来吃掉了。"孔子这才知道颜回并非偷吃饭,心中相当感慨,便对弟子说:"所信者目也,而目犹不可信;所恃者心也,而心犹不足恃。弟子记之,知人固不易矣!"以孔子之圣,面对颜回这等贤徒,犹不能完全"不疑",想一想,在真实世界中,有多少朋友像孔子一样了解他的同伴? 而你我芸芸众生,有几个修养可与颜回比拟? 如此推论,"信任"似乎只是求之不可得的理想罢了! 信别人就是信自己,这是推己及人的道理,信任不值得信任的人,会改变这个人,使他值得信任;信任值得信任的人,会使这个人更加值得信任。这就是善花结善果。

信任是伸向失望的一双手，一个小小的动作能改变一个人的一生，把信任撒向世界的每一个角落吧，说不定在你的身边会出现一个奇迹。我相信以自我为中心的人所拆毁的，以他人为中心的人可以重建。

04　偏见，是最危险的敌人

在对任何的事物发表看法之前，试着先将自己的想法放下，真正设身处地站到对方的立场，仔细地为别人想一想，你将会发现，许多事情的沟通，竟会变得出乎想象之外的容易。

当时在苏联这个国家还是普遍贫穷，购买任何东西都必须排队的年代里，有一个穷人，为了招待他的外国友人来访，正兴致勃勃地卖力打扫自己的房子。正当他很认真地在扫地的时候，一个不小心，竟然将唯一的一柄扫把，"啪"地一声给弄断了。苏联人愣了一秒钟，马上反应过来，登时跌坐在地上，嚎啕大哭起来。

他的几个外国朋友这时正好赶到，见到苏联人望着断掉的扫把痛哭不已，便纷纷上前来安慰他。

经济强盛的日本人道："唉，一柄扫把又值不了多少钱，再去买一把不就行了！又何必哭得如此伤心呢？"

知法守法的美国人道："我建议你到法院去，控告制造这柄劣质扫把的厂商，请求赔偿；反正即使官司打输了，也不用你付钱啊！"

浪漫成性的法国人道："你能够将这柄扫把给弄断，像你这么强的臂力，我连羡慕都还来不及呢？你又有什么好哭的啊？"

实事求是的德国人道:"不用担心,大家一起来研究看看,一定有什么东西,可以将扫把粘合得像新的一样好用,我们一定可以找到方法的!"

讲求迷信的台湾人道:"放心好了! 弄断扫把又不会触犯什么习俗的忌讳,你究竟在怕什么呢?"

最后,可怜的苏联人哭着道:"你们所说的这些,都不是我要哭的原因;真正的重点是,我明天非得要去排队,才可以买到一柄新的扫把,不能搭你们的便车一起出去玩了。"

心理学感言

人与人之间的理解,一向是人际沟通当中,最重要、也是最容易被忽略的关键。每个人都有着自己既定的立场,也因此而习惯于执著在本身的领域当中,忘却了别人也和自己一样,有着他固执的一面。或许您会说,这样的道理,早在八百年前就知道了,不就是"将心比心"而已,也没什么新鲜的。是的,沟通是非常简单的,只要站在他人的角度去考虑就可以了,只不过,我们一直未能将之真正做到最好罢了。

05 交友,亦是在交心

古人说过:人生但得一知己,足矣,便教欢乐慰平生。朋友不在于多,而在于知心,与其有千百个酒肉朋友,不如有一个知己。

从前有一个年轻人,整天不务正业,结交了一群酒肉朋友。父亲劝他说:"这些人只是贪图我们家里的财富和吃喝玩乐,不要和这些人来往。"年轻人不听,反而说:"多个朋友多条路,有事的时候他们会帮忙的。"

于是父亲和他打赌,让年轻人约这些人来家里喝酒。在这些人到来之时儿子躲在屏风后,父亲出面慌张地对他们说:"大事不好了,我儿子刚才出去买酒,与店老板争吵起来并杀了他,你们是他的朋友,帮助他逃走吧。"

这群狐朋狗友一听出了这么大的事,纷纷找借口跑掉了。父亲对满脸羞愧的儿子说:"我的朋友很少,一生就交了一个半朋友,你去见识一下。"

儿子纳闷不已。他的父亲就贴近他的耳朵交代一番,然后对他说:"你按我说的去见我的这一个半朋友,朋友的要义你自然会懂得。"

儿子先去了他父亲说的"半个朋友"那里,对他说:"我是某某的儿子,现在正被朝廷追杀,情急之下投身你处,希望予以搭救!"这"半个朋友"听了,对眼前这个求救的"朝廷要犯"说:"孩子,这等大事我可救不了你,我这里给你足够的盘缠,你远走高飞快快逃命,我保证不会告发你……"

儿子明白了:在你患难时刻,那个能够明哲保身、不落井下石加害你的人,可称做你的半个朋友。

然后,儿子去了父亲认定的"一个朋友"那里。抱拳相求把同样的话说了一遍。这人一听,容不得思索,赶忙叫来自己的儿子,喝令儿子速速将衣服换下,穿到这个并不相识的"朝廷要犯"身上,而让自己的儿子穿上"朝廷要犯"的衣服。

儿子明白了:在你生死攸关的时候,那个能与你肝胆相照,甚至不惜割舍自己的亲生骨肉来搭救你的人,可以称作你的一个朋友。

一个农夫,有一日跟蛇交上了朋友。我们都知道,蛇是聪明的,它不久就设法使农夫跟它十分亲热:农夫只夸赞它一个,永远把它捧到天上。

然而,如今他的一切老朋友和亲戚,没有一个上他的门来了。

"这是怎么回事呢?"他说,"我请你们告诉我,你们哪一个也不来看我,这是什么缘故? 是我的老婆没有按照礼数款待你们呢,还是你们嫌弃我的粗劣的食物呢?"

"不,"他的朋友答道,"问题不在这里! 我们极愿意和你一起谈谈说说;你们俩人,谁也没有在什么地方叫我们不高兴或是把我们得罪了——没有人会这样埋怨你们的,我可以保证! 可是,如果跟你一块儿坐着,老是要东张西望的,提防着你的朋友会爬过来从背后咬我们一口,那又有什么乐趣呢!"

交上了坏朋友的人,是难以得到世人的敬重的。

心理学感言

你可以广交朋友,也不妨对朋友用心善待,但绝不可以苛求朋友给你同样的回报。善待朋友是一件纯粹的快乐的事,其意义也常在此。如果苛求回报,快乐就大打折扣,而且失望也同时隐伏。毕竟你待他人好和他人待你好是两码事,就像给予和被给予是两码事一样。你的善只能感染或者淡化别人的恶,但不要奢望根治。当然,偶尔你也会遇到像你一样善待你的人,你该庆幸那是你的福气,但绝不要认定这是一个常理。因为人生只有一个半朋友。

06 要直言不讳,更要"旁敲侧击"

朋友之间交往,有时候会遇上话不能明说的情况,话说的太露太白,于人于己,都是一种伤害。所以聪明的人这时会把话说得半遮半掩,说得含蓄而有回旋的余地。这就需要听音能听懂弦外之音。

曹操很喜爱曹植的才华,因此想废了曹丕转立曹植为太子。当曹操将这件事征求贾翊的意见时,贾翊却一声不吭。曹操就很奇怪地问:"你为什么不说话?".

贾翊说:"我正在想一件事呢!"

曹操问:"你在想什么事呢?".

贾翊答:"我正在想袁绍、刘表废长立幼招致灾祸的事。"

曹操听后哈哈大笑,立刻明白了贾翊的言外之意,于是不再提废曹丕的事了。

另有一个故事:

在南朝时,齐高帝曾与当时的书法家王僧虔一起研习书法。有一次,高帝突然问王僧虔说:"你和我谁的字更好?".

这问题比较难回答,说高帝的字比自己的好,是违心之言;说高帝的字不如自己,又会使高帝的面子搁不住,弄不好还会将君臣之间的关系弄得很糟糕。

王僧虔的回答很巧妙:"我的字臣中最好,您的字君中最好。"

皇帝就那么几个,而臣子却不计其数,王僧虔的言外之意是很清楚的。

高帝领悟了其中的言外之意,哈哈一笑,也就作罢,不再提这事了。

心理学感言

在许多场合,有一些话不好直说不能直说也无法明说,于是,旁敲侧击绕道纡回,就成为人们所采用的方法。

07 恭维和吹捧,要有一个度

恰当适时地吹捧别人、赞美别人,是一种良好的习惯。它可以使别人的自尊心得到极大满足,从而对你刮目相看。问题是,吹捧的次数不要多,吹捧得不要泛滥,不要让人觉得很乏味。另外,要切切注意,任何人对你的吹捧你都不要去相信,相信了,以后就不会有人再真心地吹捧你。

一天,犀牛太太在一家服装店橱窗里看见了一条漂亮的裙子,上面绣满了波尔式的圆点和花朵,领子和袖口上都装缀着丝带和花边。她欣赏了好一会儿,然后走进了这家商店。

"我想试试橱窗里的那条裙子。"犀牛太太对一个售货员说。

她穿上裙子,走到镜子跟前看了一看说:"我想这条裙子我穿并不合适。"

"哎,太太,您完全错了。这条裙子会使您更妩媚动人的。"售货员说。

"就算我相信你的话吧,可是别人不一定会这么认为呀。"

"噢,太太,每个人看见您穿上这条裙子,都会羡慕您,赞美您的。"

犀牛太太一边在镜子前转来转去,前后左右,仔仔细细地看了又看,一边问道:"真是这样的吗?"

"当然罗!我说的一点儿也不会错。"

"那好吧!我就买这一条。"犀牛太太穿着新裙子离开了服装店。她走在大街上看见大家都朝她笑。

"这是在赞美我呢。"犀牛太太心想。

她又看见有些人蹙着眉头在摇头。"这是在妒忌我呢。"她又想。

她继续往前走着。每个看见她的人都站住了,惊奇地注视着她。犀牛太太觉得自己更漂亮更动人了,所以走起路来也就更神气了。

可见,吹捧往往能使人头脑发昏。

心理学感言

在你每天所到的地方,不妨多说几句感谢的话,留下一些友善的小小火花。尽量学会夸赞对方,感谢对方。一个不会夸赞和感谢对方的人,会失去良好的人际关系。因为,喜欢得到他人的赞美,这是人性的一个特点。

- -

08　自尊无价,懂得尊重更重要

只有伟大的心灵才会懂得珍惜保护幼小的心灵,呵护别人自尊心的热情。积极的心态在伟大的人看来,是一些易碎品,他们懂得一次伤害之后,往往会留下难以愈合的伤口,所以尽量在伤口之前,避免伤害发生。

有一位表演大师上场前,他的弟子告诉他鞋带松了。大师点头致谢,蹲下来仔细系好。等到弟子转身后,又蹲下来将鞋带解松。有个旁观者看到了这一切,不解地问:"大师,您为什么又要将鞋带解松呢?"大师回答道:"因为我饰演的是一位劳累的旅者,长途跋涉让他的鞋带松开,可以通过这个细节表现他的劳累憔悴。""那你为什么不直接告诉你的弟子呢?""他能细心地发现我的鞋带松了,并且热心地告诉我,我一定要保护他这种热情的积极性,及时地给他鼓励,至于为什么要将鞋带解开,将来会有更多的机会教他表演,可以下一次再说啊。"

二十年前某日黄昏,有一名看似大学生的男孩徘徊在台北街头的一家自助餐店前,等到吃饭的客人大致都离开了,他才面带羞赧地走进店里。

"请给我一碗白饭,谢谢!"男孩低着头说。

店内刚创业的年轻老板夫妻,见他没有选菜,一阵纳闷,却也没有多问,立刻就盛了满满一碗的白饭递给他。男孩付钱的同时,不好意思地说了一句:"我可以在饭上淋点菜汤吗?"

老板娘笑着回答:"没关系,你尽管用,不要钱!"男孩吃饭吃到一半,想到淋菜汤不要钱,于是又多叫了一碗。"一碗不够是吗? 我这次再给你盛多一点!"老板很热络地响应。

"不是的,我要拿回去装在便当盒里,明天带到学校当午餐!"

老板听了,在心里猜想,男孩可能来自南部乡下经济环境不是很好的家庭,为了不肯放弃读书的机会,独自一人北上求学,甚至可能半工半读,处境的困难可想而知,于是,悄悄在餐盒的底部先放入店里招牌的肉燥一大匙,还加了一粒卤蛋,最后才将白饭满满覆盖上去,乍看之下,以为就只是白饭而已。

老板娘见状,明白老板想帮助那名男孩,但却搞不懂,为什么不将肉燥大大方方地加在饭上,却要藏在饭底? 老板贴着老板娘的耳说:

"男孩若是一眼就见到白饭加料,说不定会认为我们是在施舍他,这不等于直接伤害了他的自尊吗? 这样,他下次一定不好意思再来。如果转到别家一直只是吃白饭,怎么有体力读书呢?"

"你真是好人,帮了人还替对方保留面子!"

"我不好,你会愿意嫁给我吗?"

年轻的老板夫妻,沉浸在助人的快乐里。

"谢谢,我吃饱了,再见!"男孩起身离开。当男孩拿到沉甸甸的餐盒时,不禁回头望了老板夫妻一眼。

"要加油喔! 明天见!"老板向男孩挥手致意,话语中透露着,请男孩明天再来店里用餐。

男孩眼中泛起泪光,却也没有让老板夫妻看见。从此,男孩除了连续假日以外,几乎每天黄昏都会来,同样在店里吃一碗白饭,再外带一碗走,当然,带走的那一碗白饭底下,每天都藏着不一样的秘密。直到男孩毕业,往后的二十年里,这家自助餐店就再也不曾出现过男孩的身影了。

都市心灵疗愈课

某一天，将近五十岁的自助餐店老板夫妻，接到市政府强制拆除违章建筑店面的通告，面对中年失业，平日储蓄又都给了儿子在国外攻读学位，想到生活无依，经济陷入困境，不禁在店里抱头痛哭了起来。就在这个时候，一位身穿名牌西装，像是大公司经理级的人物突然来访。

"你们好，我是某大企业的副总经理，我们总经理命我前来，希望能请你们在我们即将要启用的办公大楼里开自助餐厅，一切的设备与食材均由公司出资准备，你们仅须带领厨师负责菜肴的烹煮，至于盈利的部分，你们和公司各占一半！"

"你们公司的总经理是谁？为什么要对我们这么好？我们不记得有认识这么高贵的人物！"老板夫妻一脸疑惑。

"你们夫妻是我们总经理的大恩人兼好朋友，总经理尤其喜欢吃你们店里的卤蛋和肉燥，我就只知道这么多。其他的，等你们见了面再谈吧！"

终于，那每次用餐只叫一碗白饭的男孩，再度现身了，经过二十年艰辛的创业，男孩成功地建立了自己的事业王国，眼前这一切，全都得感谢自助餐老板夫妻的鼓励与暗助，否则，他当初根本无法顺利完成学业。话过往事，老板夫妻打算告辞，总经理起身对他们深深一鞠躬并恭敬地说："加油喔！公司以后还需要靠你们帮忙，明天见！"

心理学感言

如果能做到施舍的时候也不骄横，而能尽量照顾受施者的自尊心，那是一种最大的善举。因为施舍人人都可以做到，照顾别人的自尊心的施舍却显得更高一筹。做到别人做不到的，就是高明的人。

09 交往与利益不可同日而语

人与人之间的交往,并不像货物贸易那样讲究钱货交换,更不需要钱物的投入去换回所谓的人缘。人缘广结有时仅仅是分享一种思想,共有一个主张。不沾有金钱味。

一位犹太传教士每天早晨总是按时到一条乡间土路上散步。无论见到任何人,总是热情地打一声招呼:"早安。"

其中,有一个叫米勒的年轻农民,对传教士这声问候,起初反映冷漠,在当时,当地的居民对传教士和犹太人的态度是很不友好的。然而,年轻人的冷漠,未曾改变传教士的热情,每天早上,他仍然给这个一脸冷漠的年轻人道一声早安。终于有一天,这个年轻人脱下帽子,也向传教士道一声:"早安。"

几年过去了,纳粹党上台执政。这一天,传教士与村中所有的人,被纳粹党集中起来,送往集中营。在下火车、列队前行的时候,有一个手拿指挥棒的指挥官,在前面挥动着棒子,叫道:"左,右。"被指向左边的是死路一条,被指向右边的则还有生还的机会。

传教士的名字被这位指挥官点到了,他浑身颤抖,走上前去。当他无望地抬起头来,眼睛一下子和指挥官的眼睛相遇了。

传教士习惯的脱口而出:"早安,米勒先生。"

米勒先生虽然没有过多地表情变化,但仍禁不住还了一句问候:"早安。"声音低得只有他们两人才能听到。最后的结果是:传教士被指向了右边——意思是生还者。人是很容易被感动的,而感动一个人靠的未必都是慷慨的施舍,巨大的投入。往往一个热情的问候,温馨的微笑,也足以在人的心灵中洒下一片阳光。

不要低估了一句话、一个微笑的作用,它很可能使一个不相识的人走进你,甚至爱上你,成为你开启你幸福之门的一把钥匙,成为你走上柳暗花明之境的一盏明灯。有时候,"人缘"的获得就是这样"廉价"而简单。

10　得饶人处且饶人

"得理不饶人"之所以常常发生,在于两点:第一、得理的人心胸狭窄,抓住别人的辫子后,要一揪到底;第二、得理的人,以前很少得理,好不难得一次理,一定要缠住人弄出点动静来,让别人看到。

"小姐! 你过来! 你过来!"顾客高声喊,指着面前的杯子,满脸寒霜地说:"看看! 你们的牛奶是坏的,把我一杯红茶都糟蹋了!"

"真对不起!"服务小姐赔不是地笑道:"我立刻给您换一杯。"新红茶很快就准备好了,跟前一杯一样,放着新鲜的柠檬和牛乳。小姐轻轻放在顾客面前,又轻声地说:"我是不是能建议您,如果放柠檬,就不要加牛奶,因为有时候柠檬酸会造成牛奶结块。"

顾客的脸一下子红了,匆匆喝完茶走出去。

有人笑问服务小姐:"明明是他的问题,你为什么不直说呢? 他那么粗鲁地叫你,你为什么不还以一点颜色?"

"正因为他粗鲁,所以要用婉转的方法对待:正因为道理一说就明白,所以用不着大声!"小姐说:"理不直的人,常用气壮来压人。理直的人,要用气和来交朋友!"

每个人都点头笑了,对这餐馆增加了许多好感。往后的日子,他们每次见到这位服务小姐,都想起他'理直气和'的理论,也用他们的眼睛,证明这小姐的话有多么正确——他们常看到,那位曾经粗鲁的客人,也和颜悦色、轻声细气地与服务小姐寒暄。

心理学感言

我们往往欣赏"理直气壮",却往往忽视"理直气和"的绝妙之处。常言到:有理不在声高,更何况你是否有理呢? 反过来,对于别人的无知、粗鲁,我们是以牙还牙,以眼还眼好呢,还是"以柔克刚"呢? 得理不饶人完全没必要,你要这么做,只会被人看轻。

11　猜中了别人的心思,也不要说出来

猜中了别人心思,冒失地说出来,你以为聪明的时候,其实往往是最傻的时候。

有一个愣头愣脑的流浪汉,常常在市场里走动,许多人很喜欢开他的玩笑,并且用不同的方法捉弄他。其中有一个大家最常用的方法:就是在手掌上放一个五分和一角的硬币,由他来挑选,而他每次都选择五分的硬币。大家看他傻乎乎的,连五分和一角都分不清楚,都捧腹大笑。每次看他经过,都一再的以这个手法来取笑他。过了一段时间,一个有爱心的老妇人,就忍不住问他:"你真的连五分和一角都分不出来吗?"

流浪汉露出狡黠的笑容说:"如果我拿一角,他们下次就不会让我挑选了。"

有一个聪明的男孩,有一天妈妈带着他到杂货店去买东西,老板看到这个可爱的小孩,就打开一罐糖果,要小男孩自己拿一把糖果。

但是这个男孩却没有任何的动作。几次的邀请之后,老板亲自抓了

一大把糖果放进他的口袋中。回到家中,母亲很好奇的问小男孩,为什么没有自己去抓糖果而要老板抓呢?

小男孩回答得很妙:"因为我的手比较小呀! 而老板的手比较大,所以他拿的一定比我拿的多很多!"

心理学感言

不要总认为自己是最聪明的人,因此说话的时候一定要三思而后行。考虑自己想说的事情别人为什么不说。也许只是别人不想说或者是为了给对方留个脸面。古代的杨修,不能不说是一个聪明的人,但就是因为不懂得这个道理,道破了曹操的"鸡肋"密语,结果招来杀身之祸,可以作为借鉴。

12 照亮他人,也照亮了自己

损人利己最终不会有好的回报,而利人才会更利己。

漆黑的夜晚,一个远行寻佛的苦行僧走到一个荒僻的村落中。漆黑的街道上,村民们在默默地你来我往。

苦行僧转过一条巷道,他看见有一团晕黄的灯光正从巷道的深处静静地亮过来。身旁的一位村民说:"瞎子过来了。"

苦行僧百思不得其解。一个双目失明的盲人,他没有白天和黑夜的一丝概念,他看不到鸟语花香,看不到高山流水,也看不到柳绿桃红的世界万物,他甚至不知道灯光是什么样子的,他挑一盏灯笼岂不令人迷惘和可笑?

那灯笼渐渐近了,晕黄的灯光从深巷移游到了僧人的芒鞋上。百思不得其解的僧人问:"敢问施主真的是一位盲者吗?"那挑灯的盲人告诉他:"是的,从踏进这个世界,我就一直双眼混沌。"

僧人问:"既然你什么都看不见,那你为何挑一盏灯笼呢?"盲者说:"现在是黑夜吧? 我听说在黑夜里没有灯光的映照,那么满世界的人都和我一样是盲人,所以我就点燃了一盏灯笼。"

僧人若有所悟说:"原来您是为别人照明了?"

但那盲人却说:"不,我是为自己!"

为你自己? 僧人又愣了。

盲者缓缓问僧人说:"你是否因为夜色漆黑而被其他行人碰撞过?"僧人说:"是的,就在刚才,还被两个人不留心碰撞过。"盲人听了说:"但我就没有。虽说我是盲人,我什么也看不见,但我挑了这盏灯笼,既为别人照了亮,也更让别人看到了我自己,这样,他们就不会因为看不见而碰撞我了。"

苦行僧听了,顿有所悟。他仰天长叹说,我天涯海角奔波着找佛,没有想到佛就在我的身边哦!

心理学感言

点亮属于自己的那一盏灯,既照亮了别人,更照亮了自己。然而,生活中,恰恰是眼盲心不盲的人,要给眼不盲心盲的人带来照路明灯。

13 朋友的信任,值得铭记

有一个叫皮西厄斯的年轻人,他做了一些触犯暴君奥尼修斯的事。他被投进了监狱,即将被处死。皮西厄斯说:"我只有一个请求,让我回家乡一趟,向我热爱的人们告别,然后我一定回来伏法。"

暴君听完,笑了起来。

"我怎么能知道你会遵守诺言呢?"他说,"你只是想骗我,想逃命。"

这时,一个名叫达芒的年轻人说:"噢,国王! 把我关进监狱,代替我的朋友皮西厄斯,让他回家乡看看,料理一下事情,向朋友们告别。我知道他一定会回来的,因为他是一个从不失信的人。假如他在你规定的那天没有回来,我情愿替他死。"

暴君很惊讶,居然有人这样自告奋勇。最后他同意让皮西厄斯回家,并下令把达芒关进监牢。

光阴流逝。不久,处死皮西厄斯的日期临近了,他却还没有回来。暴君命令狱吏严密看守达芒,别让他逃掉。可是达芒并没有打算逃跑。他始终相信他的朋友是诚实而守信用的。他说:"如果皮西厄斯不准时回来,那也不是他的错。那一定是因为他身不由己,受了阻碍不能回来。"

这一天终于到了。达芒做好了死的准备。他对朋友的信赖依然坚定不移。他说,为自己深爱的人去受苦,他不悲伤。

狱吏前来带他去刑场。就在这时,皮西厄斯出现在门口。暴风雨和船只遇难使他耽搁。他一直担心自己来得太晚。他亲热地向达芒致意,然后投向狱吏。他很高兴,因为他终于准时回来了。

暴君还不算太坏,还能看到别人的美德。他认为,像达芒和皮西厄斯这样互相热爱、互相信赖的人可以免除惩罚。于是,就把他俩释放了。

心理学感言

大度、友好、忠诚、信赖能产生巨大的力量,让让在困难中鼓起前进的勇气,克服艰难险阻,最终迎来温馨的幸福和成功的喜悦。

14 礼貌,是个人修养的体现

良言一句三春暖,恶语伤人六月寒。语言是个人修养的体现,要想广交朋友,做一个社交名流,那么首先要学会有礼貌的谈吐。

有个年轻人骑马赶路,眼看已近黄昏,可是前不着村,后不着店。正在着急,忽见一位老汉从这儿路过,他便在马背上高声喊道:"喂! 老头儿,离客店还有多远?"老人回答:"五里!"年轻人策马飞奔,急忙超过去了。结果一气跑了十多里,仍不见人烟。他暗想,这老头儿真可恶,说谎骗人,非得回去教训他一下不可。他一边想着,一边自言自语道:"五里,五里,什么五里!"猛然,他醒悟过来了,这"五里",不是"无礼"的谐音吗?年轻人顿时了解了老人俏皮话中所包含的内容。于是拨转马头往回赶。追上了那位老人,急忙翻身下马,亲热地叫声:"老大爷。"话没说完,老人便说:"客店已走过头了,如不嫌弃,可到我家一住。"

心理学感言

生活中言谈举止要检点,无礼的称呼和举动不仅无益于行动,而且容易惹出纠纷和麻烦。

15 善待他人,就是善待自己

善意和真诚的批评,才是最有效的批评方式。指责和愤怒于事无补,只会把事情弄得更糟。

都市心灵疗愈课

社交界的名人戴尔夫人来自长岛的花园城。有一次,戴尔夫人讲述了这样一件事:"最近,我请了少数几个朋友吃午饭,这种场合对我来说很重要。当然,我希望宾主尽欢。我的总招待艾米一向是我的得力助手,但这一次却让我失望。午宴很失败,到处看不到艾米,他只派个侍者来招待我们。这位侍者对第一流的服务一点概念也没有。每次上菜,他都是最后才端给我的主客。有一次,他竟在很大的盘子里上了一道极小的芹菜,肉没有炖烂,马铃薯油腻腻的,糟透了。我简直气死了,我尽力从头到尾强颜欢笑,但不断对自己说:等我见到艾米再说吧,我一定要好好给他一点颜色看看。

"这顿午餐是在星期三。第二天晚上,听了为人处世的一课,我才发觉:即使我教训了艾米一顿也无济于事。他会变得不高兴,跟我作对,反而会使我失去他的帮助。"

戴尔夫人说:"我开始试着从艾米的立场来看这件事:菜不是他买的,也不是他烧的,他的一些手下太笨,他也没有法子。也许我的要求太严厉,火气太大。所以我不但准备不苛责他,反而决定以一种友善的方式作开场白,以夸奖来开导他。这个方法效验如神。第三天,我见到了艾米,他带着防卫的神色,严阵以待准备争吵。我说:'听我说,艾米,我要你知道,当我宴客的时候,你若能在场,那对我有多重要! 你是纽约最好的招待。当然,我很谅解:菜不是你买的,也不是你烧的。星期三发生的事你也没有办法控制。'我说完这些,艾米的神情开始松弛了。

"艾米微笑地说:'的确,夫人,问题出在厨房,不是我的错。'

"我继续说道:'艾米,我又安排了其他的宴会,我需要你的建议。你是否认为我们再给厨房一次机会呢?'

"'呵,当然,夫人,当然,上次的情形不会再发生了!'

"下一个星期,我再度邀人午宴。艾米和我一起计划菜单,他主动提出把服务费减收一半。

"当我和宾客到达的时候,餐桌上被两打美国玫瑰装扮得多彩多姿,艾米亲自在场照应。即使我款待玛莉皇后,服务也不能比那次更周到。食物精美滚热,服务完美无缺,饭菜由四位侍者端上来,而不是一位,最后,艾米亲自端上可口的甜美点心作为结束。

"散席的时候,我的主客问我:'你对招待施了什么法术?我从来没见过这么周到的服务。'

"她说对了。我对艾米施行了友善和诚意的法术。"

心理学感言

过多的责备往往会使人心情沮丧,进而丧失信心或失去工作热情,于工作的开展反而极为不利,相反,用善意和真诚去对待他人的失误,必能激发起他人的羞愧之心并使之心存感激,从而使其在以后的场合中,能更加兢兢业业地去工作,积极努力地去纠正自己的过失,从而使境况大为改观。

16 幽默,社交中的调和剂

聪明并不只体现在学术研究上,生活中大可耍点小聪明,用幽默机智来解决问题。

有两亲家好开玩笑。一次,一家办喜事,宴请亲家,请柬上写道:"来,就是好吃;不来,就是见怪。"另一亲家看了这个请柬,也没在意,还是大大方方地去参加宴会。

赴宴的亲家带了一份礼物,礼单上写道:"收下,就是爱财;不收,就是嫌礼轻。"

请客者的请柬写得真"苛刻":或者好吃,或者见怪,两者都将使对方难堪。被请者的以其人之道还治其人之身，才显得棋高一着。因为他具备答辩的机智，他同样以请客为题，巧妙地反击，把难堪还给了东道主。

有一位聪明的妻子，很爱打扮，常喜欢把自己打扮得珠光宝气、花枝招展，她有不少首饰，但没有项链。她一直想叫她丈夫为她买一条24K的金项链，苦于怕说出来丈夫不答应，一天早晨，夫妻俩人醒来后，妻子想到了一个俏点子，她故意装作闷闷不乐的样子，丈夫很着急，一直追问原因。

妻子说："你知道吗？昨天夜里，我做了一个噩梦！"

丈夫听了，极力安慰："不要紧，梦是反的。"

妻子说："真的吗？你可不许骗人！"

丈夫说："不骗你。"妻子要求他发誓。

"我发誓。"丈夫说，"不过，你到底做了个什么梦呢？"

妻子说："我梦见咱俩一起去首饰店，我想买那条24K的金项链，你偏不肯，今天咱们去好吗？"

妻子是个会施展伎俩的人，她不直说自己的要求，直说恐怕丈夫回绝。她先用一个问句要把丈夫降服住，再逼他就范。她使用的法宝就是巧设二难。她的闷闷不乐，原来是装出来的，目的是诱导丈夫落进自己的圈套。她让丈夫发誓，把丈夫牢牢地拘禁在自己的语言陷阱里，当妻子亮出"谜底"，丈夫才发觉上当，已经为时太晚了。他陷入两难困境：如果"梦是反的"为真，那么他就得为妻子买金项链；如果"梦是反的"为假，那么他的誓言就不真实。妻子的计谋天衣无缝，顺理成章，丈夫只好俯首听命。

心理学感言

人际交往不是交易，不要刻板地直来直去，多用智慧和幽默会给生活增添许多乐趣。

17 准确的语言表达,是一门必修课

优秀的语言表达除了能够正确表达自己的观点之外,还可以使听众心情舒畅,容易接受自己的看法,顺理成章地答应合理的请求。

一位老裁缝积了一点钱,送他儿子到伦敦上大学。一次,儿子来信,他不识字,只好请隔壁一位杀猪的屠夫代他看信。屠夫也识字不多,把信纸翻来覆去看了又看,对他说:"你儿子说,上次寄去的钱已花光了,请你务必赶快再寄 20 镑去。"裁缝问:"还说什么没有?"屠夫说,"什么也没有了!"裁缝回到家,越想越生气。心想:我凭十个指头每天辛辛苦苦为人家缝制衣服,省吃俭用,好不容易积下一点钱供他上大学,他竟然不知好歹,下命令似的,要我赶快寄 20 英镑,连一句问候平安的话都没有! 真是白养活了他! 不寄,看他怎样!

正生闷气时,一位牧师来请他做衣服,问他为什么生气。他详细告知了情况。牧师说,让我看看。

牧师从头到尾看了一遍。对裁缝说:"你的儿子写得很好么! 我讲给你听。信上说:爸爸,你近来身体好吗? 您每天辛苦地干活,省吃俭用,很不容易赚一点钱,大部分都寄给我了,我心里很不安,只能特别用功,学好了,将来好好报答您。近来又选修了一门新课,需要买几本必需的参考书籍。另外,下月的膳食费也要支付了。因此,想请你设法寄点钱来,如果寄 10 镑来,我很感谢;如果是 20 镑,就更感激不尽了!"

裁缝有些不相信,问:"真是这样写的吗?"牧师说:"我哪能骗你! 你想,几张纸,只写钱花完了,快寄 20 镑几个字么?"裁缝一想,"对呀!"他一高兴,当天就把 20 镑寄给儿子去了。

语言是交流的工具,但和其他工具不一样的地方在于,它是有温度的,包含着说话者的情感。同样的意思,用不同的语言表达就会产生不同的效果。就像故事中的儿子的那封信,虽然屠夫和牧师都看出了儿子要钱的实质,但给裁缝的感受却截然不同。

18　运用智慧,可以化解尴尬

社交活动中,常会遇到难以应付的棘手场合,也会有非说不可却难以启齿的局面。此时要注意给别人面子,否则自己也将陷入尴尬中。

在某个大商场,有一位顾客拿了几个西红柿,然后混杂在已经称过重量并交完款的蔬菜中转身就走。这时,售货员发现了这一情况。如果他高喊"捉贼",这样势必会影响商场的秩序,损伤了商场的声誉,可能会大吵大闹一番。

这位富有经验的售货员没有大喊起来,而是灵机一动两手一拍说:"哎呀,请您慢走一步。我可能刚才不注意,把蔬菜的品种拿错了,您再回来查查看。"这位顾客无奈也只得回来,售货员把蔬菜重新称过,随手就将西红柿拣了下来。售货员此时说"可能""查查看"都是暗示的词语,他明知顾客的行为,但他不想使自己的商场受损失,又不想引起争吵,就把责任推到自己身上,然后顺水推舟,巧妙地把事情处理得相当圆满。此时这位顾客也只能佯装不知,不了了之。

在一个宴会里,一位女士坚持要某位先生猜她的年龄,在场的人都很为难,不敢多置一词,女士却说:"没有关系,你说嘛,你应该有点概念的,不是吗?"这位男士只得开口道:"我是有点概念,以您年轻的样子,应该减10岁,以您的智慧,又该加10岁。"听得这位女士心花怒放。

在广州著名的中国大酒家,一位外宾吃完最后一道茶点,顺手把精美的景泰蓝食筷悄悄"插入"自己的西装内衣口袋里。服务小姐见到外宾"拿"走景泰蓝后,不露声色地迎上前去,双手擎着一只装有一双景泰蓝食筷的绸面小匣子说:"我发现先生在用餐时,对我国景泰蓝食筷颇有爱不释手之意。非常感谢你对这种精细工艺品的赏识。为了表达我们的感激之情,经餐厅主管批准,我代表中国大酒家,将这双图案最为精美并且经严格消毒处理的景泰蓝食筷送给你,并按照大酒家的"优惠价格"记在你的账簿上,你看好吗?"那位外宾当然会明白这些话的弦外之音,在表示了谢意之后,说自己多喝了两杯"白兰地",头脑有点发晕,误将食筷插入内衣袋里,并且聪明地借此"台阶",说:"既然这种食筷不消毒就不好使用,我就'以旧换新'吧!哈哈哈。"说着取出内衣里的食筷恭敬地放回餐桌上,接过服务小姐给他的小匣,不失风度地向付账处走去。

心理学感言

在社交活动中,我们遇到这类棘手情况,模糊语言比开门见山要好一万倍,模糊语言故意说得不确定、不说透,这样就给自己留下回旋的余地,也使对方不窘困,这正是语言运用的高境界。

19　善用外交辞令,在交往中处变不惊

善于外交辞令的人,能够解释一切,万一穿错衣服参加葬礼,他也能

说得恰如其分。懂得说话的人更能随机应变,转化尴尬的场面。

有一位先生很烦太太的一个朋友常来家里东家长西家短,一天这人又来了,先生避到楼上,几个小时过去了,他从楼上大声叫:"我说啊!那个爱搬弄是非的长舌妇走了没有?"太太吓了一跳,先生怎么这么鲁莽,正不知如何是好时,忽然灵机一动,赶紧大声说:"那个长舌妇早就走了,现在在这里的是林太太。"

从小我们都被教说话要有礼貌,懂得圆融,但真正执行起来不是那么容易,常常有出差错的时候。一位小姐不想接受某位男士的约会,想着要很礼貌地拒绝,又不知怎么说,想了半天说:"我星期日不能和你出去,那时我会有严重的头痛。"

想要赶走最后两个客人,主人得想出最婉转的话说:"和好朋友相聚,谁在乎时间?现在还早嘛!只是清晨2点27分49秒。"

中国古时候的笑话里,最多傻女婿因为不会讲话而留下话柄,包括有位一直讲话不得体的三女婿,太太叫他此次去丈人家一句话也不要说,他忍了很久很久都没有说,只是在回家前加了一句:"我今天可是什么都没说,如果你家死了人,可与我没有关系啊!"

心理学感言

现代人讲究说话技巧,更懂得在什么时候说什么话,对什么人说什么话和如何把话说得婉转,让想要办的事情顺利完成。然而能够灵活应用说话的技巧是一种智慧,不是每个人都做得好的。为了避免尴尬,许多人讲话格外小心,学着如何不把真正的感觉说出来,能够言不由衷地说些客套话,遇到一个本应该狠狠踢他一脚的人,却用拍他肩膀的方式,讲点中听的好话,即使想错了,还是得讲得对,万一实在讲不出什么好话,至少态度要想办法模糊不清。会讲话中还包括知道所以止之,能够话到唇边暂忍隐,懂得三思而不言的妙处,在发生问题前,先自己停止,更算是说话技巧的一种。

_ _

20 语言也是武器,可以捍卫人格和自尊

语言高手大都充满智慧,能应付不同情况下的谈话,话语得体,温文尔雅,但如果面对挑衅,却能够以牙还牙,让对方答不得气不得怒不得。

有一伙人从某地火车站出来,到了车站广场的摊点上想买几只烧鸡在旅途中吃,买主里有男有女,也都很年轻。他们买烧鸡时,对女老板说:"嘿,你这摊上卖得还真全啊! 还有野鸡呢,你这野鸡肉香不香啊! 想不到你们这地方还出这么漂亮的野鸡,这野鸡的肉多嫩呀! 老板,怎么个卖法呀? 可不可以送货上门啊!"说完后,他们一伙人都很轻慢地笑了起来。

女老板很清楚这伙人居心不良,把自己比作"野鸡",如果直接骂他们几句,就会被指责不文明经商;如果不回敬几句,就很可能有更难堪的场面出现。于是她不卑不亢地说:"我们这里不出野鸡,只加工野鸡,这里的野鸡都是用火车从外地运来的。运来的野鸡都是活的,所以稍不留神就会被野鸡啄着,这些东西毕竟是野物嘛,又不通人性。我们在加工野鸡时,对那些野性大的野鸡先开刀,然后再用开水烫,接着把它的毛扯光,乘势就开膛破肚,接下去就是烧烤熏煮。你们问问你们这两位小妹,她们刚刚尝过了。你们如果吃着香的话,就欢迎多买几只,我可以优惠点卖,你们除了自己吃,多余的带回去送给亲友,不是也算帮我们送货上门了吗?"

那些恶意挑逗者听了这番滴水不漏的回答之后,暗冒冷汗,只好强打精神说:"好! 够份儿,老板娘的货漂亮,人漂亮,话更漂亮。"

说完以后还真乖乖地买了几只烧鸡走了。

美国西部一名牛仔闯入酒店喝酒,几杯黄汤下肚之后,便开始乱搞,把酒店整得一塌糊涂。这还不算,到后来,他居然又掏出手枪朝着天花板乱射,甚至对着酒店中的客人。面对此景,在大伙儿一筹莫展之际,酒店老板——一个瘦小而温和的女人,突然一步步地走到那牛仔身边,命令他道:"我给你五分钟,限你在五分钟之内离开此地。"而出乎意料之外的是,这名牛仔真的乖乖收起手枪,握着酒瓶,踏着醉步离开酒店,扬长而去了。惊魂甫定之后,有人问老板:"那名流氓如果不肯走,那你该怎么办?"老板回答:"很简单,再延长期限,多给他一些时间不就好了。"

心理学感言

在论辩中,有时会有一些论辩者用如情景中的指桑骂槐的方式,进行人身攻击,侮辱对方的人格。对此,你如果质问对方,正面回击,可能正中对方下怀,他可能会说:我并没有指你,你为什么要往自己头上硬扯。要回击这类人身攻击,最好的办法也采用同样含沙射影的方式,反击对方,取得以隐制隐的效果。

21　善意的举动定会有回报

在世界上所有的道路中,心与心之间的道路是最难行走的,人人都在追求利益,可他们却找不到通往心灵的方向。其实,走进他人的心灵,有时又是轻而易举的,路标就是真诚和微笑。

有一位老妇人年老孤单,独自住在一栋老式的大房子里,成天与小毛毯、法国古董为伍。她渴望得到一些人间的温暖和理解,但长期以来,没有人愿意给她。特别是她的亲戚们,视她如一件古董,觊觎她的财产,却漠视她心灵的饥渴。一个偶然的机遇,一位律师造访了这栋房子。他非常理解老妇人的处境,更理解她的一颗与时代难以合拍的心。

于是,从这栋老房子的话题开始,他们进行了亲切的交谈。

"这使我想起我们以前的老房子,我在那里出生的。"律师继续说道,"那房子很漂亮,盖得很好,有很多房间,现在已经很少有这种房子了。"

"你说得对。"老妇人表示同意,"现在年轻的一代已经不在乎房子漂亮不漂亮了。他们只要那种小公寓就够了,然后开着车子到处跑。"

就这样,律师开始走进她那久已关闭的心灵,他们开始互相信任。她带着律师到处参观,律师也热诚地发出赞美。

后来,老妇人带着律师来到车库,那里停着一辆派克车——几乎没有使用过。

"这是我丈夫去世前没多久买给我的。"她轻声说道,"自从他死后,我就没有动过它……你懂得鉴赏好东西,我就把它送给你吧!"

"啊!"律师吃惊了,"我知道你很慷慨,但是,我却不能接受。我已经有了一部新车,而且我们并不算是亲戚,我相信你有许多亲戚会很喜欢这部车。"

"亲戚!"她叫起来,"不错,我是有很多亲戚。但是,他们只是在等我死掉好得到这部车子。哼,他们得不到的。"

"如果你不想送给他们,也可以卖给汽车商啊!"律师建议。

"卖给汽车商?"她大叫,"你以为我会把这部车子卖掉吗?你认为我可以忍受让陌生人开着它到处跑吗?——这是我丈夫买给我的车子啊!我做梦都不会把它给卖掉的。我想把它送给你,是因为你懂得鉴赏好东西。"老妇人执意要律师接受她的馈赠。

一位不速之客几句真心的赞赏，居然能换来老妇人最心爱的派克车，这就是这位老妇人心中的礼尚往来。律师的造访和他真诚的话语，使老妇人如同在沙漠中得到泉水一般，感激之情难以言表，只有用她最珍爱的派克车来回报了。对于她的亲戚们来说，老妇人的"吝啬"使人无法理解；而对于这位律师，老妇人的慷慨又确实难以置信。

有一年，底特律的哥堡大厅举行了一次巨大的汽艇展览，在这个展销会展览中，人们蜂拥而来参观，在展览会上人们可以选购各种船只，从小帆船到豪华的巡洋舰都可以买到。

在汽艇展览期间，有一宗巨大的生意差点跑掉了，但第二家汽艇厂用微笑把顾客拉了回来。

在这次展览中，一位来自中东某一产油国的富翁，他站在一艘展览的大船面前，对站在他面前的推销员说："我想买只价值 2000 万美元的汽船。"我们都可以想象，这对推销员来说，是求之不得的好事。可是，那位推销员只是直直地看着这位顾客，以为他是疯子，没加理睬，他认为这位富翁是在浪费他的宝贵时间，所以，脸上冷冰冰的，没有笑容。

这位富翁看看这位推销员，看着他没有笑容的脸，然后走开了。

他继续参观，到了下一艘陈列的船前，这次他受到了一个年轻的推销员的热情招待。这位推销员脸上挂满了欢迎的微笑，那微笑就像太阳一样灿烂。由于这位推销员的脸上有了最可贵的微笑，使这位富翁有宾至如归的感觉，所以，他又一次说："我想买只价值 2000 万美元的汽船。"

"没问题！"这位推销员说，他的脸上挂着微笑，"我会为你介绍我们的系列汽船。"他只这样简单地附和说，便推销了他自己。而且，他在推销任何东西以前，先把世界上最伟大的东西推销出去了。

所以,这位富翁留了下来,签了一张 500 万元的支票作为定金,并且他又对这位推销员说:"我喜欢人们表现出一种他们非常喜欢我的样子,你现在已经用微笑向我推销了你自己。在这次展览会上,你是惟一让我感到我是受欢迎的人。明天我会带一张 2000 万美元的保付支票回来。"

这位富翁很讲信用,第二天他果真带了一张保付支票回来,购下了价值 2000 万美元的汽船。

心理学感言

在一个适当的时候、恰当的场合,一份真诚的心可以创造奇迹,一个简单的微笑可以使陷入僵局的事情豁然开朗。在办事情的时候,用微笑去感染他人,用真诚去理解他人,那么成功就在你面前,真诚和微笑的价值难以计算。《礼记·乐记篇》中说:"故礼有报,而乐有反。礼得其报则乐,乐得其反则安。礼之报,乐之反,其义一也。"中国传统的"礼乐之道"特别注重人来而我往,人有施于我,我当报以人的精神。当然,当我有恩于别人,我则并不应该存有希望获得报偿的念头。